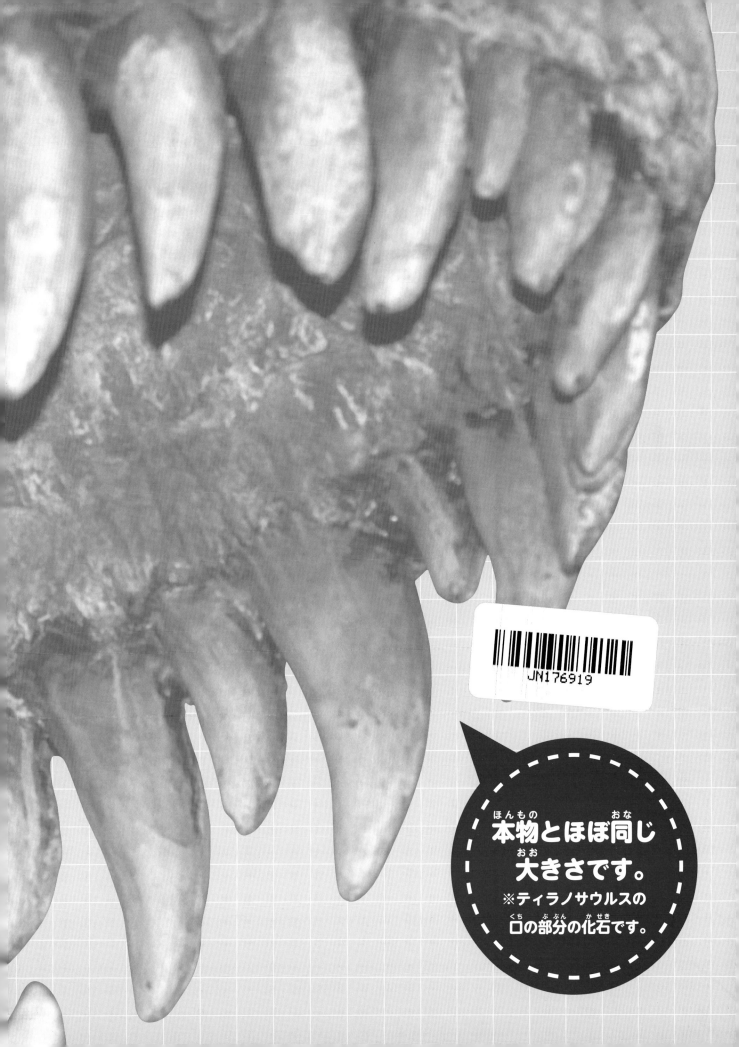

なぜ？どうして？ 恐竜図鑑

大昔の生きものの
なぞにせまる

[監修] 平山 廉

PHP

もくじ

恐竜の時代 ……………………………… 4 はじめに ……………………………… 6

第1章 恐竜のなぜ？ どうして？

Q 恐竜ってどんな生きもの？ ……………… 8
恐竜とほかのは虫類はどこがちがうの？
はじめに現れたのはどんな恐竜？

Q 恐竜にはどんな種類がいるの？ …………… 10
何種類くらい見つかっているの？

Q 恐竜はどのくらい体が大きいの？ ………… 12
小さな恐竜もいたの？
どうして化石から体重がわかるの？

Q 恐竜はどんなくらしをしていたの？ ……… 14
どんなふうに育つの？
どのくらい生きたの？

Q 恐竜はどうして体が大きくなったの？ …… 16
どうして竜脚類はここまで大きくなれたの？
長い首と尾をずっと持ち上げたままで、つかれなかったの？

Q 恐竜は何を食べていたの？ ………………… 18
1日で、どれくらいの量を食べていたの？
石を食べていた恐竜がいるって本当なの？
コラム デンタル・バッテリー

Q 恐竜はどんなときにたたかったの？ ……… 20
植物食恐竜は敵からどうやって身を守ったの？
コラム 頭突きでたたかう？

Q トリケラトプスのえりかざりは、なんのためにあるの？ …………………… 22
小さな子どものときから、えりかざりはあったの？
3本の角は何に使ったの？
コラム いろいろなえりかざりと角の形

Q ステゴサウルスの背中の板はなんのためにあるの？ …… 24
背中の板は何でできているの？
尾についているとげは何か役割があったの？
コラム 大きな帆をもつ恐竜

Q 恐竜はどんな色や模様だったの？ ………… 26
体の色や模様は、なんのためにあるの？
なぜ恐竜に羽毛が生えているってわかったの？
コラム 羽毛から本当の色がわかった！

Q 恐竜は鳴くことができたの？ ……………… 28
どんなときに鳴いたの？
耳はよく聞こえたの？
コラム 楽器のように音を出す恐竜

Q ティラノサウルスはどうして有名なの？ … 30
ティラノサウルスの前あしはなぜとても短いの？
ティラノサウルスの歯の大きさはどれくらい？
ティラノサウルスに羽毛はあったの？
どうやってえものを探していたの？

Q 名前についている「サウルス」や「ドン」は、どんな意味？ ……………… 32
いちばん最初についた恐竜の名前は？
おもしろい名前の恐竜を教えて
コラム 消えた名前

Q 化石はどうやってできるの？ ……………… 34
恐竜以外の生きものの化石にはどんなものがあるの？
コラム 恐竜がくらしたあと

Q 化石の発掘はどうやって行うの？ ………… 36
昔の人は恐竜の化石のことをどう思っていたの？
なぜ、いつの時代の化石かわかるの？
化石を発掘したい。どうしたらいいの？

Q 日本からはどんな恐竜の化石が発掘されているの？ ・・・・・・・・・・・・・・・・・・ 38
博物館にある恐竜化石は本物なの？
世界ではどの地域から恐竜化石がよく発掘されているの？

Q 現代には恐竜はもういないの？ ・・・・・・・・・・・・・・・・・・ 40
恐竜をよみがえらせることはできないの？
恐竜と鳥はどこがちがうの？
コラム 羽毛はなんのために生えた？

Q どうして恐竜はいなくなったの？ ・・・・・・・・・・・・・・・・・・ 42
最後まで生き残った恐竜は？

第2章 翼竜・海にすむは虫類のなぜ？ どうして？

Q 海や空にも恐竜はいたの？ ・・・・・・・・・・・・・・・・・・ 44
翼竜と鳥はどこがちがうの？
海にすむは虫類と恐竜はどこがちがうの？
コラム 種類はちがうが姿は似ている

Q なぜ首長竜はこんなに首が長かったの？ ・・・・・・・・・・ 46
首が短い首長竜がいたって本当？
速く泳ぐことはできたの？
コラム いちばん首の長い生きもの

Q 海にすむは虫類は何を食べていたの？ ・・・・・・・・・・ 48
水中でえものはよく見えるの？
水中でくらしていて、息は苦しくなかったの？

Q 翼竜はどうやって空を飛んだの？ ・・・・・・・・・・・・・・ 50
最大級と最小級の翼竜は？
最大級の翼竜は、重くても飛べたの？
地上ではどうやって歩いていたの？

Q 翼竜は、何を食べていたの？ ・・・・・・・・・・・・・・・・・・ 52
どんなところでくらしていたの？
子育てはしたの？

Q ほかには、どんなは虫類がいたの？ ・・・・・・・・・・・・・ 54

第3章 ほ乳類のなぜ？ どうして？

Q ほ乳類はいつごろ現れたの？ ・・・・・・・・・・・・・・・・・・ 56
ほ乳類の祖先はどんな生きものなの？
恐竜の生きた時代にはどんなほ乳類がいたの？

Q 恐竜が絶滅したあとは、どんなほ乳類が現れたの？ ・・・・・・・・・・・・・・・・・・ 58
マンモスはゾウの祖先なの？
コラム 氷河期

Q マンモスはなぜ絶滅したの？ ・・・・・・・・・・・・・・・・・・ 60
大昔の人は、今と同じ生きものを見ていたの？
大昔の人は、どんな生きものを狩っていたの？

さくいん ・・・・・・・・・・・・・・・・・・・・・・・・・・・・・・・・・・・・ 62

恐竜の時代

恐竜は、およそ1億6000万年もの間、さまざまな種類が現れ、地上を支配していました。現代の人は、最初に現れてから20万年ほどですから、恐竜がいかに長い間栄えていたかがわかります。地球の歴史とともに、恐竜が生きた時代を紹介します。

46億年もの長い地球の歴史の中で、恐竜が生きた時代は、2億5000万年前～6600万年前の中生代です。中生代は、三畳紀・ジュラ紀・白亜紀の3つに分かれていて、それぞれに特徴のある恐竜たちが栄えました。また、地球は誕生してから現在まで、大陸や気候がたえず変化しています。恐竜の生きた時代にも、変化が起こっていました。

三畳紀の世界（およそ2億5000万年前～2億年前）

「三畳紀」は、南ドイツで見つかったこの時代の地層が、3層に分かれていたことにちなんだ名前です。ペルム紀後期に大量の生きものが絶滅し、生き残ったは虫類の中から、恐竜に進化したものが現れました。およそ2億3000万年前のことです。初期の恐竜はまだ小さく、大型のは虫類や、ほ乳類の祖先である単弓類と、縄張りや食べものを争っていました。この時代に、羽毛が生えた恐竜が、すでにいた可能性があります。

三畳紀の地球

三畳紀は、暑く乾燥した気候だった。ひとつの大きな大陸が、分かれはじめた。

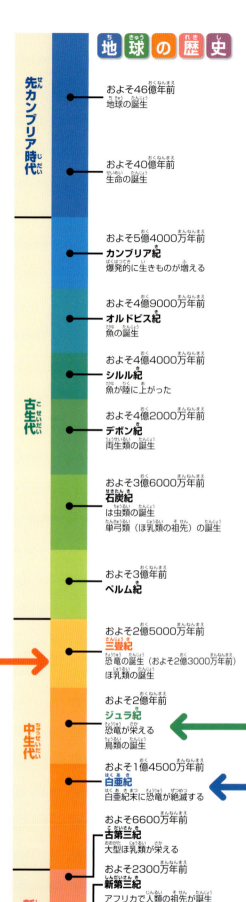

地球の歴史

先カンブリア時代
- およそ46億年前 地球の誕生
- およそ40億年前 生命の誕生

古生代
- およそ5億4000万年前 カンブリア紀 爆発的に生きものが増える
- およそ4億9000万年前 オルドビス紀 魚の誕生
- およそ4億4000万年前 シルル紀 魚が陸に上がった
- およそ4億2000万年前 デボン紀 両生類の誕生
- およそ3億6000万年前 石炭紀 は虫類の誕生 単弓類（ほ乳類の祖先）の誕生
- およそ3億年前 ペルム紀

中生代
- およそ2億5000万年前 三畳紀 恐竜の誕生（およそ2億3000万年前）ほ乳類の誕生
- およそ2億年前 ジュラ紀 恐竜が栄える 鳥類の誕生
- およそ1億4500万年前 白亜紀 白亜紀末に恐竜が絶滅する

新生代
- およそ6600万年前 古第三紀 大型ほ乳類が栄える
- およそ2300万年前 新第三紀 アフリカで人類の祖先が誕生（およそ700万年前）
- およそ260万年前 第四紀 最後の氷河期 人類が栄える
- 現代

ジュラ紀の世界（およそ2億年前〜1億4500万年前）

「ジュラ紀」は、この時代の地層が広くむき出しになっている、フランスとスイスにまたがるジュラ山地に由来しています。この時代になると、恐竜の種類が増え、竜脚類のような超大型恐竜も現れました。ほかの生きものよりも大きく強くなり、本格的に恐竜の時代がはじまりました。羽毛が生えた恐竜はふつうに見られ、原始的な鳥も見られるようになりました。

ジュラ紀の地球

ジュラ紀は、暖かくて雨が多く、植物がよく茂った。大陸は2つに分かれ、生きものはゆき来できなくなった。

白亜紀の地球

白亜紀は、ジュラ紀に引き続き温暖な気候だった。大陸は細かく分かれ、後期には今の大陸の形に似てきた。

白亜紀の世界（およそ1億4500万年前〜6600万年前）

「白亜紀」は、西ヨーロッパにあるこの時代の地層が、石灰質のチョークでできていて、色が真っ白なことからついた名前です。恐竜の進化が進み、大きな角や板、歯やつめなどをもつ、さまざまな特徴の恐竜が各地にくらしました。ティラノサウルスやトリケラトプスなどの恐竜も現れました。そしてこの時代を最後に、恐竜は絶滅してしまいました。

現在の地球

はじめに

新発見がぞくぞく！

恐竜というと、大昔にいた怪物というイメージが強いのですが、実際には、現代のわたしたちとも身近な存在だということが、最近わかってきました。肉食恐竜の一部から、現代の鳥が進化したことが確実になってきたのです。一部の恐竜は、鳥なのか恐竜なのか、研究者によって意見が分かれるほど、鳥に近い生きものだったようです。また、恐竜の多く、あるいは、すべてに羽毛が生えていたということもわかってきました。

日本では、今年8月になって、兵庫県丹波市で発見された大型恐竜が「タンバティタニス」という新種として報告され、日本で見つかった恐竜の新種はこれで6種類になりました。

恐竜のなぞを解き明かそう！

恐竜のうち、化石として残って、しかも、人間によって見つけられるものはごくわずかです。南極やオーストラリアなど、恐竜化石の調査がまだ不十分な地域もたくさんあります。また、恐竜については誤解が多いことも事実です。特に、海でくらしていた首長竜や、空を飛んでいた翼竜を、恐竜と考えている人が多いのですが、恐竜はすべて陸上で生活していた動物です。

恐竜には、超大型のものや、奇妙な形をしたものも多く、その生活ぶりなどについてなぞが多いことも事実です。また、恐竜の絶滅についても疑問だらけです。本書を参考に、みなさんの疑問を少しずつ解いていっていただければと思います。みなさんの中から、将来の恐竜研究者が進化してくることを願ってやみません。

早稲田大学国際教養学部　平山 廉

第1章 恐竜のなぜ？どうして？

大昔、大きな体で地上を支配していた恐竜ですが、今ではもう、生きている姿を見ることができません。
しかし、化石の研究から、姿やくらしなど、さまざまなことが解き明かされています。
みなさんも、なぜ？ どうして？ を考えてみましょう。

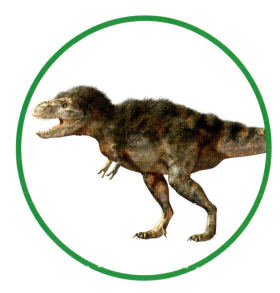

Q 恐竜ってどんな生きもの？

人類が誕生するはるか昔、地球上に生きた巨大な生きもの、恐竜。今はもう化石や標本、復元図でしか姿を見ることのできない恐竜とは、一体どんな生きものだったのでしょうか。

恐竜は、今から2億3000万年前〜6600万年前の陸上を支配していた生きものです。ハトくらいの小さいものから、史上最大級の生物といわれるほど巨大なものまで、さまざまな大きさのものがいました。

恐竜は、は虫類のグループにふくまれ、ほかのは虫類と共通している特徴が、いくつかあります。陸上でくらしていたため、乾いた空気にたえられる厚くて硬い皮膚をもっていました。これはヘビやトカゲ、ワニなどのは虫類と同じ特徴です。また、恐竜は卵を産みますが、乾燥で中の水分が逃げないように、硬い殻でおおわれています。これも、は虫類と共通している特徴のひとつです。

恐竜の体

尾　体のバランスをとる役割などがあった。

体　うろこや羽毛でおおわれて乾燥に強かった。

後ろあし　体の下からまっすぐにのび、2本のあしで体重を支え歩くことができた。

口　口や歯の形はさまざまで、食べものによってちがう。

前あし　二足歩行するものには、前あしが短いものがいた。

指　指の数は種類によってちがう。するどいかぎづめが、あるものもいた。

Q 恐竜とほかのは虫類はどこがちがうの？

A 恐竜は、ほかのは虫類と特徴が同じ部分もあります。しかし、ほかとは決定的にちがう、恐竜が恐竜である特徴をもっています。それは、トカゲやワニの横に出ているあしとちがい、恐竜のあしは、まっすぐ下にのびていることです。真下にのびたあしは、二足でもスムーズに動かすことができ、また重い体重を支えながらの移動を可能にしました。

これは、腰にある骨盤の形が、ほかのは虫類とちがうためです。恐竜の骨盤には深いくぼみがあり、太ももの骨がしっかりはまっているのですが、トカゲやワニは、骨盤のくぼみが浅く、太ももの骨がよくはまっていなくて、横に出ているのです。

また、恐竜には、羽毛が生えているものがいましたが、ほかのは虫類には生えていません。

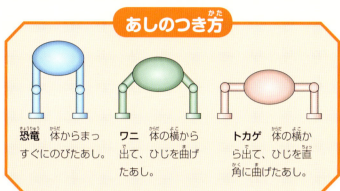

あしのつき方

恐竜 体からまっすぐにのびたあし。
ワニ 体の横から出て、ひじを曲げたあし。
トカゲ 体の横から出て、ひじを直角に曲げたあし。

Q はじめに現れたのはどんな恐竜？

A 三畳紀後半に、エオラプトルやヘレラサウルスといった原始的な恐竜が、現れました。初期の恐竜は、ほっそりとした体でそれほど大きくなく、その頃は、ポストスクスやサウロスクスといった、体の大きなは虫類が、地上の王者でした。原始的な恐竜は、こういった大きなは虫類のえじきになったり、食べものを横取りされたりと、後に現れる大型恐竜からは、想像できないくらしをしていたと思われます。

しとめたえもの（ヒペロダペドン）をサウロスクスに横取りされるエオラプトル。体格や力ではかなわずに、見ていることしかできなかったのではないだろうか。

サウロスクス
クルロタルシ類という原始的なワニの仲間で、全長はおよそ5m。四足歩行で肉食だった。三畳紀は、クルロタルシ類が陸上を支配していた。

エオラプトル
三畳紀後期を代表する最古の恐竜のひとつで、アルゼンチンで見つかった。全長およそ1mで細身の体。雑食で、肉も植物も食べたと考えられる。以前は、獣脚類だといわれていたが、現在では、原始的な竜脚類ではないかと考えられるようになった。

ヒペロダペドン
（→54ページ）

Q 恐竜にはどんな種類がいるの？

体の小さいものから大きいもの、角やこぶがついたもの、首や尾が長いものなど、恐竜にはさまざまな姿形のものがいます。はたして、どのようなグループや種類がいるのでしょうか。

A 恐竜は、腰にある骨盤という骨のちがいで、大きく2つのグループに分けられ、さらに細かく分かれています。仲間ごとに特徴や食べもの、生きた時代などが異なります。

竜盤類
骨盤の恥骨の部分が前を向いている。獣脚類と竜脚類がふくまれる。

鳥盤類
骨盤の恥骨の部分が座骨と平行に並ぶ。剣竜類、よろい竜類、鳥脚類、角竜類、堅頭竜類がふくまれる。

Q 何種類くらい見つかっているの？

A 数百から1000種類くらいといわれていますが、種類数ははっきりいえません。なぜなら、化石からしか判断できないため、手がかりが少なく、化石の少しのちがいが、種類による差なのか、おとなと子どもの差なのか、個体差なのかが判別しにくいからです。実は同じ恐竜なのに別の名前がついていた、ちがう種類だと思ったら同じ種類のおとなと子どもだった、などといったことが起こっているので、種類数は変化します。

第1章 恐竜のなぜ？どうして？

獣脚類（じゅうきゃくるい）

肉食の恐竜は獣脚類だけ。2本あしで歩き、おそらくすべての種類が羽毛をもっていた。三畳紀後期に現れ、白亜紀末に姿を消すまで、ハトくらいの大きさの恐竜から最大級の肉食恐竜ティラノサウルスまで、多様な種類がいた。鳥類は、獣脚類から進化したと考えられている（→40ページ）。

竜脚類（りゅうきゃくるい）（竜脚形類）

首と尾が長く、4本あしで歩く大型の植物食恐竜。原始的な竜脚類は、体が小さく2本あしで歩いた。その後、進化した竜脚類からは、史上最大級の恐竜アルゼンチノサウルスが現れた。三畳紀後期から白亜紀末まで、恐竜が生きたすべての時代に種類がいた。（竜脚類と、原始的な竜脚類の古竜脚類を合わせて、竜脚形類とよぶ）

剣竜類（けんりゅうるい）

（装盾類（そうじゅんるい）） 剣竜類とよろい竜類をまとめたよび名

背中に骨の板やとげを背負った植物食恐竜。背中の板は、種類によって形がちがう。原始的な種類は、2本あしで歩き、大型化するとともに4本あしで歩く種類が現れた。ジュラ紀に栄えて、白亜紀まで種類が残っていた。有名な恐竜ステゴサウルスは、ジュラ紀後期の剣竜類。

よろい竜類（りゅうるい）

背中の皮膚がゴツゴツと硬く、よろいをまとったような姿の植物食恐竜。4本あしで歩く。口の先はくちばし状になっていて、尾の先にハンマーのような骨のかたまりがある。ジュラ紀に現れ、白亜紀には、アンキロサウルスやサイカニアなどの種類が栄えた。

鳥脚類（ちょうきゃくるい）

鳥盤類の中で最も種類が多く、ジュラ紀から白亜紀末まで栄えた植物食恐竜。植物を食べるための歯が発達していた。2本あしで歩くものと、4本あしで歩くものがいて、進化した仲間は頭にとさかがあった。この仲間のイグアノドンは、よく名の知れた恐竜。小型の種類では、羽毛をもつものが見つかっている。

角竜類（つのりゅうるい）

（周飾頭類（しゅうしょくとうるい）） 角竜類と堅頭竜類をまとめたよび名

ジュラ紀に現れ白亜紀末まで栄えた植物食恐竜。頭の後ろの骨が大きく広がり、えりかざりのように見える。顔には角があり、くちばし状の口と発達した歯をもつ。ほとんどは4本あしで歩いたが、原始的な種類は、2本あしで歩いた。代表種はトリケラトプス。

堅頭竜類（けんとうりゅうるい）

恐竜が生きた時代の最後、白亜紀後期に現れた植物食恐竜。厚く盛り上がった頭の骨から、石頭竜ともよばれる。ドーム状の頭のまわりに、とげやこぶがあるものもいる。2本あしで歩いていた。いちばん頭の骨が厚かった堅頭竜類は、パキケファロサウルス。

Q 恐竜はどのくらい体が大きいの？

現在最大の生きものであるシロナガスクジラは、20m以上あります。恐竜にはこれよりもさらに大きいものがいましたが、一体どのくらい大きかったのでしょうか。

巨大な恐竜の代表格といえば竜脚類ですが、その中でも、史上最大級の陸上生物といわれているのは、アルゼンチノサウルスです。化石から予想して、全長は40m以上、体重は50t以上もあったと考えられています。

ただ、アルゼンチノサウルスの化石は、あしの骨や背骨など一部しか見つかっておらず、その骨から推定した大きさです。今後、もっと多くの化石がたくさん見つかれば、より正確な大きさと重さがわかってくるでしょう。

町に恐竜が現れたら!?

アルゼンチノサウルスが現代の町に現れたとしたら、全長は路線バス4台分ほど、頭の高さはビル5～7階くらいになるでしょう。

アルゼンチノサウルス
白亜紀後期、恐竜が生きていた時代の最後に現れた竜脚類。化石はアルゼンチンでしか見つかっていない。長い首はあまり上下には動かなかったと考えられる。木の葉など、高いところに生える植物を食べていた。

おとなの人

Q 小さな恐竜もいたの？

A 恐竜は大きなイメージがありますが、実は小さなものも多くいます。アンキオルニスという恐竜は、全長がおよそ40㎝ほどしかない小さな恐竜でした。ハトくらいの大きさで、見た目も鳥のような姿でした。

アンキオルニス
中国で見つかった、ジュラ紀後期の獣脚類。全身に羽毛が生え、頭にはとさかのような羽毛があった。前後のあしに翼があり、現代の鳥のような姿で、木の間を飛んでいたと考えられる。羽毛の化石の表面に色が残っていたことで注目される（→27ページ）。

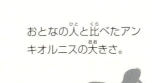

おとなの人と比べたアンキオルニスの大きさ。

Q どうして化石から体重がわかるの？

A 骨の太さと筋肉のつき方は、基本的に関係があり、化石から計算しておおよその体重を割り出すことができます。割り出し方には、いくつか方法があります。

まずは、骨の太さをもとに、筋肉をつけた恐竜のミニチュア模型をつくり、それを水の中に沈ませます。あふれた水の量を、実際の恐竜の大きさに置きかえて計算すると、体重が出ます。

また、あしの太さから体重を出す方法もあります。あしの骨の太さで、どのくらい体重を支えられるかを計算して、全体の体重を割り出すのです。

どちらにしろ、あくまで計算から割り出した予想の体重なので、実際の体重とは、ずれが出てしまいます。

Q 恐竜はどんなくらしをしていたの？

化石の研究や現代の動物との比較などから、恐竜のくらしを予想することができます。恐竜は一体、どんなくらしをしていたのでしょうか。

A 何頭もの恐竜が一緒に歩いた、あしあとの化石（→35ページ）が残っていることから、種類によっては群れで行動していたことがわかっています。食べものを求めて、移動しながらくらしていたのかもしれません。

また、卵が入った巣のあとや、巣におおいかぶさったような姿の恐竜の化石が見つかっていることから、卵を温めたり、子育てをしたりした恐竜もいたと考えられます。巣のあとは、いくつもの集団で見つかることがあります。恐竜に近縁な、は虫類のワニの親は、卵からかえった赤ちゃんを、しばらく敵から守って子守りをします。恐竜にも、食べものを与えるまではいかなくても、子どもを守るものがいたのではないでしょうか。

群れでくらす

群れでくらすと、敵におそわれにくかったり、敵をすぐに見つけることができたりと、いろいろ利点があります。また、食べものや水場が近くにあったり、歩きやすい地形だったりと、くらしやすい場所には多くの恐竜が集まってきます。その中で、同じ種類は自然と群れになったのかもしれません。

子育て

オビラプトル（→41ページ）は、巣をつくり、卵を温めていたようです。角竜類のプシッタコサウルスは、1頭のおとなと多くの子どもが一緒の巣から見つかり、子育てをしたのではないかと考えられています。また、テリジノサウルスの仲間の巣が、集団で見つかっています。群れで子育てをしていたのかもしれません。

集団で巣をつくるテリジノサウルス。

テリジノサウルス
モンゴルで見つかった、白亜紀後期の獣脚類。全長は8～11m。前あしに巨大なつめがついているが、どのように使われたかは、よくわかっていない。肉食が多い獣脚類の中で、おもに植物を食べていた変わり者。

アルゼンチノサウルス（→12ページ）の群れ。

Q どんなふうに育つの？

A トカゲやワニの子どもと同じように、卵からかえった恐竜の赤ちゃんは、すぐに自分で歩き、食べものをとっていたのではないでしょうか。もしくは、親の後ろについて、食べもののとり方をまねていたかもしれません。

巨大な竜脚類の場合、足元に小さな子どもがいると、よく見えずに、ふんでしまうことがあるかもしれません。そういうことがないように、小さな子どもだけで群れをつくり、ある程度大きくなったら、おとなの群れに混ざったといったことも考えられます。

Q どのくらい生きたの？

A 体の大きな竜脚類は、なんと100年以上生きたという説があります。

恐竜の骨の化石を切ると、木の年輪のように、決まった年数ごとに成長線があります。その線を数えると、おとなになるまでのだいたいの年齢がわかるのです。小型の恐竜なら5～10年、ティラノサウルスは20～30年かかって、おとなになったと考えられています。人は、おとなになると、身長が伸びなくなり、体の大きさはあまり変わらなくなります。しかし、恐竜は、一生成長し続けたと考えられています。

恐竜はどうして体が大きくなったの？

大型の恐竜がたくさん現れはじめたのは、ジュラ紀になってからです。なぜ恐竜は大きくなったのか、いろいろな説があります。

ジュラ紀に生い茂っていたシダ植物や裸子植物は、葉が硬くて栄養があまりありませんでした。植物をたくさん食べて、栄養を多く吸収するには、大きな内臓が必要で、そのため、体も大きくなったという説があります。

また、肉食恐竜から身を守るために植物食恐竜が大きくなり、また肉食恐竜も大きくなり、おたがいに競うように大きくなったという考えもあります。

さらに、竜脚類は、体の大きさや首の長さでメスにアピールしていた可能性があります。竜脚類ほど体が大きく首が長くなると、動くには不便なこともあります。メスに求愛するために、不便でも大きく目立つことを選んだのかもしれません。

豆知識 ジュラ紀は植物があふれていた

ジュラ紀は、空気中の二酸化炭素が、今よりもずっと多かったと考えられています。植物は二酸化炭素を取り込み成長するため、ジュラ紀は植物の成長が早く、植物食恐竜にとっては食べものが豊富でした。

ブラキオサウルス

ジュラ紀後期から白亜紀前期にいた竜脚類。全長はおよそ25m。後ろあしよりも前あしが長いという特徴があり、そこから名前が「ブラキオサウルス＝うでトカゲ」になった。ほかの竜脚類よりも、首が高い位置にあり、地面から頭までの高さは最大級。アメリカで見つかった。

Q どうして竜脚類はここまで大きくなれたの？

ジュラ紀に生えていたシダ植物。現代のシダよりも大きかった。

A 大きくなるためには、それだけの重さを支えられる体でないといけません。竜脚類は、体重を支えるために4本の柱のようなあしで歩くようになったので、大きな体を動かすことができました。

また、大きさのわりに骨が軽くできていて、体のあちこちに空洞があって空気が入っていたと考えられ、こういった理由で、見た目よりも体重が軽かったのです。さらに、竜脚類は、頭が小さく軽かったので、重さにじゃまをされずに首がのび、さらに体が大きくなりました。

ブラキオサウルスの骨格

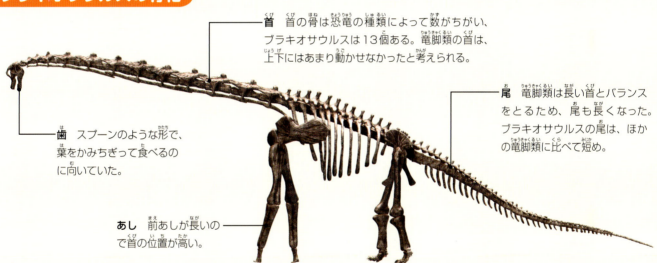

首 首の骨は恐竜の種類によって数がちがい、ブラキオサウルスは13個ある。竜脚類の首は、上下にはあまり動かせなかったと考えられる。

尾 竜脚類は長い首とバランスをとるため、尾も長くなった。ブラキオサウルスの尾は、ほかの竜脚類に比べて短め。

歯 スプーンのような形で、葉をかみちぎって食べるのに向いていた。

あし 前あしが長いので首の位置が高い。

Q 長い首と尾をずっと持ち上げたままで、つかれなかったの？

A 恐竜は、首と尾を地面につけずに持ち上げて保っていますが、その姿勢を無理なく支える体の仕組みがあります。

後ろあしを支柱にして、背骨と背骨の間をつなぐ強力な靭帯が、頭から尾までを引っ張り上げるように支えています。靭帯とは、骨格をつなぐ役目のある、ゴムのように伸び縮みする筋です。

これだと、あまり力を使わず、さらに首や背骨に負担をかけずに、首と尾をまっすぐに支えることができます。ちょうど、ワイヤーで上から橋をつり上げて支える、つり橋と同じ仕組みなので、「つり橋構造」とよばれています。

つり橋。柱と柱の間にケーブルを通し、そこからワイヤーで橋をつっている。

Q 恐竜は何を食べていたの？

現代の生きものは、えものをとって食べたり、草や木の実を食べたりと、種類によってさまざまなものを食べています。恐竜も、現代の生きものと同じようなものを食べていたのでしょうか。

A

恐竜には、ほかの生きものを食べる肉食恐竜と、植物を食べる植物食恐竜、そしていろいろなものを食べる雑食の恐竜がいました。

肉食は、えものをとったり肉を食べやすいように、そして植物食は、植物をちぎったりかみくだいたりしやすいように、それぞれの食べものに合った口や歯の形をしていました。

肉は、栄養を一度に多くとれる反面、狩りにエネルギーを使うので、肉食恐竜は、植物食恐竜に比べて、食事の回数が少なかったと考えられます。植物食恐竜は、植物を大量に食べることで栄養を補っていました。

豆知識 食べ方に注目

ティラノサウルスの小さな前あしでは、えものをおさえたり、ひきちぎったりはできなかったと考えられます。その代わり、とても力の強いあごでかみつき、大きくてするどい歯で肉をひきちぎり、骨までくだいて食べていました。

トリケラトプスを食べるティラノサウルス。

肉食

獣脚類の多くが、肉食または雑食の恐竜です。ほかの恐竜や小動物などをおそって食べたり、死んだ動物を探して食べたと考えられます。また、体の小さな恐竜は、卵や虫をとって食べました。バリオニクスやスピノサウルス（→25ページ）などのように、水辺でくらし、魚をとって食べるものもいました。

Q 1日で、どれくらいの量を食べていたの？

A 現代のゾウの食べものは、草や果物などですが、1日の多くの時間をかけて、200～300kg食べます。竜脚類とゾウは、頭の大きさが同じくらいで、口の大きさもあまり変わらないことを考えると、竜脚類もゾウと同じくらい食べていたのではないでしょうか。

また、ティラノサウルスは、1回に1tもの肉を食べることができます。現代のワニなどの肉食は虫類は、1回にたくさんの肉にありつけると、その後しばらくは何も食べなくても大丈夫です。同じようにティラノサウルスも、数か月は食べなくても平気だったのではないでしょうか。

デンタル・バッテリー

植物食恐竜の中には、便利な歯をもっているものがいました。鳥脚類（イグアノドンなど）や角竜類（トリケラトプスなど）は、植物を歯ですりつぶして食べたので、歯がすりへります。しかし、縦に何列も予備の歯が並んでいて、上の歯がすりへっても下から新しい歯が出てきました。これを「デンタル・バッテリー」といい、中には2000本も歯がある恐竜もいました。

鳥脚類のエドモントサウルスの頭の化石。口の奥側に見えるのがデンタル・バッテリー。

植物食

獣脚類以外のグループの恐竜は、シダ植物や針葉樹、ソテツなどの植物をおもに食べていました。植物は、肉に比べてエネルギーになる栄養価が低いので、たくさん食べる必要があり、また消化にも時間がかかります。植物食恐竜は、長い腸をもち、時間をかけて消化していました。

Q 石を食べていた恐竜がいるって本当なの？

A 竜脚類の化石の胃の中からは、石が見つかっています。これは、消化を助けるために石を飲み込んでいたためで、食べたわけではありません。

竜脚類の歯は、木の葉を枝からむしったり、こそげ取ったりするのには向いていましたが、かみくだくのには向いていませんでした。そこで、飲み込んだ胃の中の石で、葉をすりつぶして消化を助けたと考えられています。

飲み込んだ石は「胃石」といい、現代の鳥やワニにも、胃石をもつものがいます。

高い針葉樹の葉を食べるカマラサウルスと、地面から生えるシダ植物を食べるイグアノドン。

豆知識 高さによって食べものが変わる？

背が高く、首も長い現代のキリンは、ほかの動物が食べることのできない高い木の葉を食べます。同じように、大きな恐竜は、高い木の葉を食べていたでしょう。そして、木まで頭が届かないそのほかの恐竜が、地面近くに生えている植物を食べることで、うまく共存できていたのかもしれません。

恐竜はどんなときにたたかったの？

恐竜といえば、するどい牙やかぎづめを武器にして、たたかっている姿を思い浮かべる人が多いのではないでしょうか。どんなときに、どのようにたたかっていたのでしょうか。

オス同士がメスを取り合ったり、縄張り争いをしたり、また、えものを狩るときにもたたかったと考えられます。

しかし、たたかうと自分が傷つくこともあり、体力も使います。メスの取り合いや縄張り争いのときは、はじめに、頭のとさかや背中の板などで、大きさや形などを比べて競い、それでも決着がつかなければ、たたかったのではないでしょうか。

また、えものを狩るにも時間と体力がいるので、弱ったり死んだりした動物を見つけて食べることが多かったようです。それもなければ、えものをおそいますが、えものになる恐竜も必死に抵抗してたたかったことでしょう。

豆知識

マジュンガサウルスの争い

同じ種類にかまれたあとが残る、マジュンガサウルスの化石が見つかり、マジュンガサウルス同士でたたかっていたことがわかりました。しかし、それがオス同士の争いなのか、共食いが目的だったのかはよくわかっていません。

マジュンガサウルス
白亜紀後期の獣脚類。全長はおよそ8m。マダガスカル島で化石が見つかった。頭の上に1本の短い角があり、「頭突きでたたかうため」という説や、「成長とともに生えてくる」といった説がある。

たたかうマジュンガサウルス。メスの取り合いや、縄張り争いなどでオス同士がたたかう。するどい牙でかみついたり、かぎづめで相手を引きさいたりした。

Q 植物食恐竜は敵からどうやって身を守ったの？

A 肉食恐竜にねらわれる立場の植物食恐竜ですが、身を守るための知恵をもっていました。たとえば、群れで行動すれば、たくさんの目があるので、近づく敵を見つけやすく、また、敵がどれをおそえばいいのか、一瞬迷うため、そのすきに逃げることができます。現代のシマウマやガゼルなどの植物食の動物も、そういった理由で群れをつくってくらしています。1頭でいると敵が近づいても気づきにくく、敵もねらいを定めやすいので、おそわれる確率が高くなるのです。

また、角やとげ、こぶなどを、おそってくる相手に見せたり、突きつけたりして威嚇し、全身をおおう硬い皮膚などで身を守りました。竜脚類は、その体の大きさで、相手に威圧感を与えたのではないでしょうか。

シュノサウルスとガソサウルスのたたかい。シュノサウルスの尾には、先にとげのついたハンマーのような骨のかたまりがある。これをぶつけて敵とたたかったのかもしれない。

◀シュノサウルス
中国で見つかった、ジュラ紀中期の原始的な竜脚類。全長はおよそ10mと、まだそこまで大型化していない竜脚類で、首も短め。ジュラ紀後期から本格的に大型の竜脚類が現れる。

◀ガソサウルス
ジュラ紀中期の獣脚類で、中国で見つかった。全長およそ3.5mと小さめ。部分的な化石しか見つかっていないため、くわしいことはまだよくわかっていない。

頭突きでたたかう？

堅頭竜類は、とても厚い頭の骨が特徴です。この頭で、オス同士が、頭突きをしたといわれていました。しかし、その後、首の骨が弱く、頭突きにたえられないことがわかりました。現在では、相手の体に頭を押しつける程度だったと考えられています。また、厚い頭と、そのまわりに生えるとげで、メスにアピールしたり、オス同士で見せつけて競ったりしていたという説もあります。

パキケファロサウルス
アメリカで見つかった、白亜紀後期の恐竜。全長はおよそ5m。堅頭竜類では最大級で、頭の骨の厚さは20cmもある。盛り上がった頭のまわりには、とげが生え、顔には、でこぼことしたこぶがある。

Q トリケラトプスのえりかざりは、なんのためにあるの？

トリケラトプスは、頭の後ろのえりかざりと、顔にある角が特徴です。大きなえりかざりは、重くて動きにくそうに見えますが、一体なんのためにあるのでしょうか。

メスにえりかざりを見せてアピールしたり、また、メスをめぐってオス同士が争うときにも、えりかざりの大きさや見栄えを競っていたと考えられます。現代のライオンのオスも、たてがみの毛が多くて色が濃いほど、強いオスと見られてメスから人気があります。同じように、大きなえりかざりほど、強いオスの証だったのではないでしょうか。

えりかざりの形や大きさは、個体や年齢によってちがうので、群れの仲間を見分けるために役立ったとも考えられます。さらに、敵からおそわれたときに、頭や首を守る役割や、えりかざりで体を大きく見せて敵を威嚇する役割などもあったかもしれません。

トリケラトプス
白亜紀後期の角竜類で、最後まで生き残った恐竜のひとつ。全長はおよそ9mで角竜類の中では最大級。頭に大きなえりかざりと、顔には3本の角、ほおに出っぱりがある。奥歯は次々に新しい歯が生えてくるデンタル・バッテリー（→19ページ）で、硬い植物もすりつぶして食べることができた。

えりかざり 後ろにのびている。長さ2.5mほどの頭骨の半分をえりかざりが占める。ふちはギザギザしている。

角 目の上に長い角が1本ずつ、鼻先に短い角が1本の、合計3本ある。

尾 太く短い。

後ろあし 前あしよりも長くがっしりしていた。指は4本。

前あし 指は5本あり、そのうち3本の指を地面につけて歩いていた。

出っぱり 両方のほおに出っぱりが1つずつある。

口 するどいくちばし状の口先で、植物をくわえて強くひきちぎり、奥歯のデンタル・バッテリーでよくかんで食べることができた。前の歯はない。

Q 小さな子どものときから、えりかざりはあったの？

A 子どもにも、とても小さなえりかざりがありました。成長段階がちがう化石が発掘されていて、それにより、成長するにつれ、頭に対して、えりかざりが大きくなり、ふちのギザギザが浅くなっていくことがわかります。顔の角も、小さな子どものときからあり、おとなになるにつれて、長くなって、前のほうへ傾いていきます。

トリケラトプスの頭の成長

小さな子ども → → → おとな

（John Horner,Mark Goodwin,2006をもとに作成したイラスト）

Q 3本の角は何に使ったの？

A 敵から身を守るためや、オス同士の争いに使ったと考えられています。トリケラトプスと同じ時代には、最大級の肉食恐竜ティラノサウルスもいました。敵にねらわれても、だまって逃げたわけではなく、大きな角を武器にして相手に突進したのではないでしょうか。

また、顔やえりかざりなどに、同じ種類の角でついた傷あとが見つかっていることから、オス同士が角で組み合い、メスをめぐって強さを競ったとの説もあります。

トリケラトプスの全身化石。えりかざりも角も、頑丈な骨でできている。

いろいろなえりかざりと角の形

角竜類は、種類ごとにえりかざりや角の形がちがいます。このちがいは、種類同士の見分けに役立っていたという説があります。ちなみに、原始的な角竜類には、えりかざりや角がほとんどないものもいます。

エイニオサウルス
えりかざりは小さめで、上に2本の角がある。鼻の角は下に曲がっていて、目の上の角はない。

ディアブロケラトプス
えりかざりにある2本の角は長くのび、外側に広がっている。目の上に角があり、鼻の角はほとんど発達していない。

パキリノサウルス
えりかざりの真ん中と上から、いくつも角が出ている。鼻に角がない代わりに、大きなこぶのようなものがある。

第1章 恐竜のなぜ？どうして？

23

Q ステゴサウルスの背中の板はなんのためにあるの？

背中にたくさんの板を背負っている姿が特徴的なステゴサウルス。こんなに大きな板があって、動くのにじゃまではなかったのでしょうか。板にはどんな役割があったのでしょうか。

A 大きなものでは、長さが1m近くもある背中の板については、昔からさまざまなことをいわれてきました。体を大きく見せることができ、敵への威嚇に役立ったという説や、また、大きな板でメスにアピールしていたという説もあります。もしかしたら、さらに目立つように派手な色だったのかもしれませんね。

ほかにも、板を日光に当てたり風に当てたりして、体温調節をしたという説もあります。さらに以前は、体を守るためのよろいの役割という説がありましたが、板がうすくて丈夫ではなかったため、体を守ることはできなかったようです。

ステゴサウルス
ジュラ紀後期の剣竜類で、アメリカで見つかった。全長は7〜9mで剣竜類の中では最大級。背中の板と尾の大きなとげが特徴。化石が何頭分もまとまって見つかることから、群れでくらしていたとの考えもある。

板 いちばん大きい板は、幅80cm、高さ1mにもなり、剣竜類の中で最大。化石から、板の数は18〜20枚の間だったと考えられている。

頭 頭は小さく、あごの力も弱い。のどには細かい骨がたくさん集まって、よろいのようにのどを守る。

上から見たステゴサウルス
板は2列に並んでいて、左右が、たがいちがいについている。

前あし 指の数は4本。

後ろあし 前あしより長く、指の数は3本。

Q 背中の板は何でできているの?

A 大きな板状の骨でできていて、その表面を皮膚がおおっています。板の骨にはたくさんの細いみぞがあり、これは血管が通っていたあとと考えられています。

発掘された状態のステゴサウルスの化石。

豆知識 板のつき方

初めてステゴサウルスの化石が見つかったときは、骨格がバラバラだったため、板がどうついているのかがなぞでした。最初は、板を立たせずに、寝かせた状態でついていると考えられていましたが、研究の結果、現在の復元の姿になりました。

Q 尾についているとげは何か役割があったの?

A 4本のするどくとがった大きなとげは、武器として使われていました。同じ時代に生きていたアロサウルスという大型獣脚類の化石には、ステゴサウルスの尾のとげが当たったと思われる、傷あとが残っているものがあります。

尾は左右に動かすことができ、肉食恐竜などの敵が向かってきたら、勢いよくふっていたのではないでしょうか。

尾 高い位置についていて、地面に下ろさない。4本のするどくて大きなとげがついている。

大きな帆をもつ恐竜

ステゴサウルスのように、背中に大きな板やとげなどをもっている恐竜はほかにもいます。スピノサウルスは、背中にたくさん並んだ、高さ1.6mにもなる長い骨に、皮膚の膜が張っていて、船の帆のようになっていました。この帆が、どんな役割をもってたのかは、まだよくわかっていませんが、ステゴサウルスの板と同じように、メスへのアピールや体温調節などに使われたのかもしれません。

スピノサウルス
白亜紀前期〜後期の大型獣脚類で、全長はおよそ17m。水辺だった場所で化石が多く発掘され、また、化石の胃から魚が見つかっていることから、水辺で魚をとって食べていたと考えられる。エジプト、モロッコで見つかっている。

Q 恐竜はどんな色や模様だったの？

恐竜の絵がのっている本を見ると、同じ名前の恐竜でも本によって色や模様がちがいます。地味な色もあれば、派手な色や模様もありますが、実際の恐竜の、色や模様はどうだったのでしょうか。

A

皮膚は化石に残りにくく、実際の恐竜の色のほとんどは、くわしくはわかっていません。そのため、本にのっている恐竜の絵は、ほとんどが想像で描かれています。くらす場所やくらし方などを考えて、現在の動物を参考にしながら描きますが、研究者や画家の考えによって想像の色はちがいます。そのため、同じ恐竜でも本によって、色や模様がさまざまなのです。

しかし近年、シノサウロプテリクスやアンキオルニスなどのように、化石に残っていた羽毛の色素の分析から、色や模様がわかったものもいます。

どんな色？

模様なし（想像の模様）

灰色（想像の色）

地味な色で目立たないようにする？

カマラサウルス
ジュラ紀後期の竜脚類で全長はおよそ18m。アメリカで見つかった。

どんな模様？

想像してみよう！

しま模様（想像の模様）

サウロロフス
白亜紀後期の鳥脚類で、全長はおよそ9m。アメリカ、カナダ、モンゴルで見つかった。

茶色（想像の色）

土に似た色でまわりにまぎれる？
しま模様は草むらに身をかくすため？

Q 体の色や模様は、なんのためにあるの？

A 恐竜に限らず、動物の色や模様には意味があります。目立たない色は、敵に見つかりにくい効果があり、反対に派手な色や模様は、敵に対する威嚇の色だったり、同じ種類のメスの気をひくためだったりするのです。

恐竜も、まわりの色にとけ込む「保護色」だったり、地味な目立たない色で敵から身をかくしたり、また、オスが派手な色でメスの気をひいていたりしたのでしょう。

模様にも意味があり、たとえば現代のシマウマは、しま模様ですが、群れでいると、模様のおかげで1頭1頭が見分けづらく、敵がねらいにくくなります。群れでくらした恐竜にも、同じような模様があったかもしれませんね。

羽毛から本当の色がわかった！

シノサウロプテリクスの化石に残っていた、羽毛の色素を分析したところ、茶色やオレンジ色の羽毛で、尾は茶色と白のしま模様であることがわかりました。また、アンキオルニスも化石の羽毛から、頭は赤い色、体は黒と白が混じった色だとわかりました。

豆知識　羽毛恐竜はほとんど獣脚類

今見つかっている羽毛の生えた恐竜は、30種ほどで、そのほとんどは獣脚類です。それをもとに、最近の恐竜の絵は、獣脚類の多くに羽毛が描かれています。角竜類のプシッタコサウルス、原始的な鳥脚類のティアニュロングの化石からも、毛が見つかっています。

本当の色がわかった恐竜！

アンキオルニス
ジュラ紀後期の獣脚類。全長はおよそ40cm。

赤・黒・白
（本当にわかった色）

まだら模様
（本当にわかった模様）

派手な色でメスへアピール？
それとも敵への威嚇？

Q なぜ恐竜に羽毛が生えているってわかったの？

A 1995年に、羽毛の化石が発掘されたことからわかりました。それまでは、羽毛が生えているかもしれないといわれながら、証拠が見つかっていませんでした。

はじめて見つかった羽毛の生えた恐竜は、小型獣脚類シノサウロプテリクスで、背中に細かい羽毛がありました。その後、次々と羽毛のあとが残る小型獣脚類が見つかり、あしに鳥の翼のようなものがある恐竜もいました。

2012年に発掘された大型獣脚類のユウティラヌスの化石にも羽毛があり、これで大型の獣脚類にも羽毛が生えた種類がいたことがわかったのです。

シノサウロプテリクス
白亜紀前期の獣脚類で、全長は1mほど。中国で見つかった。

羽毛が残るシノサウロプテリクスの化石。

Q 恐竜は鳴くことができたの？

イヌやネコ、鳥など、生きものの多くは、仲間とのコミュニケーションや、敵への威嚇などのために鳴きます。恐竜も、現代の動物のように、鳴くことができたのでしょうか。

プラテオサウルス
三畳紀後期の古竜脚類で、ヨーロッパで見つかった。全長は5〜10m。群れでくらしていたようで、集団の化石が見つかっている。前あしの親指にある大きなかぎづめは、敵とのたたかいや威嚇に使われたと考えられる。鳴き声でも、敵を威嚇していたかもしれない。

 恐竜の化石の、口やのどの研究から、鳴くことができたと考えられています。どんな鳴き声だったのかはよくわかっていませんが、現代の生きものと同じように、声を出したり、鼻やのどを鳴らしたりして、種類ごとに鳴き声や鳴き方があったのでしょう。たとえば、ライオンのように大きな声でほえたり、カエルのように顔の一部をふくらませて音を出したりしたのかもしれませんね。

豆知識 竜脚類と古竜脚類

竜脚類と古竜脚類は同じグループで、まとめて竜脚形類とよびます。三畳紀に栄えた古竜脚類は竜脚類ほど大きくなく、後ろあしで二足歩行をするものがいました。その後、巨大化した竜脚類が、ジュラ紀に栄え、古竜脚類は姿を消しました。竜脚類は大きな体を支えるため、4本のあしをしっかりと地につけた四足歩行でした。

豆知識 目はよかったの？

恐竜の多くは、目が頭の両側についていて、広く見渡すことができました。しかし、目が左右に離れていると、ものとの距離はうまくはかれません。肉食恐竜は、目が前を向いてついていて、視野はせまいですが、立体的に見ることができ、えものとの距離感をつかむことができたものもいたと考えられています。

Q どんなときに鳴いたの？

A 敵への威嚇や、縄張りやメスをめぐってのオス同士のたたかいのときなどに、鳴いたのではないでしょうか。また、オスがメスにアピールするためにも鳴いたのかもしれません。

群れでくらしていた恐竜は、仲間に何かを伝えるときに鳴いていたと考えられます。敵を見つけたら鳴いて知らせたり、親子で鳴き交わしたりと、仲間とのコミュニケーションに鳴き声を使っていました。

威嚇のときは、威圧感のある鳴き方、親子で鳴くときは、やわらかい鳴き方など、おそらく場面ごとに鳴き声を使い分けていたのでしょう。

Q 耳はよく聞こえたの？

A 鳥脚類のランベオサウルスの仲間は、化石の耳のつくりから、耳がよく、特に低い音がよく聞こえたということがわかっています。そのことから、低い音を出して鳴いたのではないかとも考えられます。

恐竜の耳は、人やイヌなどのような耳たぶなどはなく、目の後ろのあたりに小さな穴があいた形です。トカゲやカメなどの、は虫類と似た耳です。

楽器のように音を出す恐竜

パラサウロロフスの頭には、長いとさかがあります。とさかの中は空洞になっていて、鼻から吸った空気が、空洞を通るときに振動して、ちょうど管楽器のオーボエやトロンボーンのような音が出たと考えられています。その音はよく響き、遠くの仲間にも伝わったのではないでしょうか。

パラサウロロフスのほかにも、鳥脚類には、頭のとさかを利用して音を出したと思われるものが何種類かいます。

後ろにのびたとさかの長さは1m以上。中の空洞は通り道のようにくねくねとしていて、全長は2mにもなる。

パラサウロロフス
白亜紀後期の鳥脚類で、全長はおよそ10m。アメリカ、カナダで見つかった。パイプのような形のとさかは、音を出すほかに、オスがメスへのアピールのために使っていたとも考えられる。首や肩が、がっしりとしていて、背中の骨が盛り上がっている。

Q ティラノサウルスはどうして有名なの？

恐竜の代名詞ともいえるティラノサウルスは、新しい恐竜が多く発見されている今でも、変わらず人気をほこっています。どうしてこんなに有名で、人気があるのでしょうか。

ティラノサウルスは、恐竜の中だけでなく、今まで地球上に現れた生きものの中でも、最大級の肉食動物です。白亜紀後期という恐竜の時代の最後に出現して、最強の強さをほこり、まさに大きくて強い、「恐竜」のイメージそのままの姿が人気なのではないでしょうか。

また、ティラノサウルスは、とても研究が進んでいる恐竜のひとつです。くわしい情報が発表されているので、目や耳に触れる機会が多いのも、有名な理由なのでしょう。

目 正面を向いてついていて、ものを立体的に見ることができた。えものとの距離をはかるのに便利。

頭 とても大きく頑丈。

体 羽毛が生えていたと考えられるようになった。

口 大きくて強力なあごと歯をもち、かむ力が強い。

鼻 においを感じる能力が高い。

前あし とても小さく短い。指は2本。

後ろあし 長くて太く、がっしりとしている。指は4本で、かぎづめがある。

Q ティラノサウルスの前あしはなぜとても短いの？

A ティラノサウルスの前あしは、人のうでほどの長さしかなく、指は2本しかありません。どうしてこんなに短いのか、短い前あしをどのように使っていたのかは、まだくわしくはわかっていません。
「前あしをあまり使わないので退化した」、「大きな頭とバランスをとるため小さくなった」、「起き上がるときに体を支えるのに使った」など、いろいろな説があります。

Q ティラノサウルスの歯の大きさはどれくらい？

A　バナナほどの太さで、長い歯だと、歯茎から10cm以上のびていました。歯茎の中の部分を合わせると、30cmもあります。頭が1.5mもあり、あごが大きいので、歯の1本1本も大きいのです。歯のふちはギザギザしていて、ナイフのように肉を切りさくのに向いていました。歯の数は、上下合わせて56本ありました。

ティラノサウルスの歯。

ティラノサウルスの骨格

尾　太い尾が、後ろにピンとのびている。尾の筋肉と後ろあしの筋肉はつながっていて、歩行の助けになったと考えられている。

ティラノサウルス
白亜紀後期、恐竜時代の最後に現れた大型獣脚類。全長は12～13m。立体的に見ることができる目、すぐれた嗅覚、高い運動能力をもち、狩りに向いた体だったようだ。Tレックスという名前でも親しまれている。アメリカ、カナダで見つかった。

Q どうやってえものを探していたの？

A　ティラノサウルスの脳の研究から、鼻がよく、においをかぐ能力が高かったことがわかっています。えもののにおいをかぎつけ、大きくて強いあごと、するどい歯でかみついていたのでしょう。家族や仲間で、協力して狩りをすることもあったといわれていますが、確定ではありません。
　また、生きたえものを狩るだけでなく、死んだ動物を、においで見つけて食べていた、ともいわれています。これだと、狩りよりも楽に食べものが手に入ったことでしょう。

Q ティラノサウルスに羽毛はあったの？

A　羽毛が生えたティラノサウルスの化石は、今のところ見つかっていません。しかし、羽毛のあとが残る小型獣脚類が次々と発掘されていること、ティラノサウルスの仲間のディロングやユウティラヌスに羽毛の化石が見つかっていることなどから、ティラノサウルスにも羽毛が生えていた可能性が高くなってきました。
　また、子どものときにだけ羽毛が生えていたという説もあります。

Q 名前についている「サウルス」や「ドン」は、どんな意味？

恐竜には、ふだん聞かないふしぎな響きの名前がついていますね。そして、恐竜の名前をよく見てみると、「サウルス」や「ドン」など、よく使われている言葉があります。これはどんな意味なのでしょうか。

A
恐竜の名前は、ラテン語とギリシャ語をもとにしてつけられた、「学名」という世界共通のよび名です。名前に使われている言葉のいくつかを紹介します。

サウルス……「は虫類、トカゲ」の意味
「サウルス」は、「は虫類」を表す「saurus」からきている言葉です。アルゼンチノサウルス（→12ページ）は、発見された国名から「アルゼンチンのトカゲ」という意味でつけられました。

ドン……「歯」の意味
「ドン」は、「歯」を表す「odont」からきています。イグアノドンは、「イグアナの歯」という意味です。発見された歯の化石が、イグアナの歯に似ていることからつけられました。

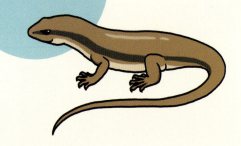

ラプトル……「どろぼう」の意味
「ラプトル」は「どろぼう、略奪者」の意味の「raptor」です。オビラプトル（→41ページ）の最初の化石は、卵が入った巣の近くで見つかりました。ほかの恐竜の卵をぬすみにきたと思われて「卵どろぼう」とつけられましたが、後にそれは、オビラプトル自身の巣であることがわかりました。

ケラトプス……「角のある顔」の意味
「ケラトプス」は、「cerat（角）」と「ops（顔）」を足した言葉です。トリケラトプス（→22ページ）は「3本角のある顔」という意味の名前です。顔に3本の角があることから、3を表す「tri」がつきました。

豆知識　恐竜は「おそろしいトカゲ」

恐竜の種類ごとの名前の意味はわかりましたが、では、「恐竜」というよび名はどういう意味でしょうか。恐竜は英語で「dinosaur」ですが、これは「dino（おそろしい）」と「saurus（トカゲ）」を足した言葉です。saurusは、もともと「竜」という意味もふくまれていて、日本語では恐竜とよばれるようになりました。

Q いちばん最初についた恐竜の名前は？

A 初めて正式についた恐竜の名前は、「メガロサウルス（大きなトカゲの意味）」です。はじめにメガロサウルスの名前をつけたのは、イギリスの医師ジェームス・パーキンソンで、イギリスの地質学者ウィリアム・バックラントが論文を書き、1824年に発表して認められました。

その翌年の1825年に、今度はイギリスの医師ギデオン・マンテルが、「イグアノドン」を発表しました。実はマンテルは、パーキンソンよりも前の1822年ごろにイグアノドンの化石を見つけていましたが、発表が遅れたため、最初の正式な恐竜の名前にはなりませんでした。

Q おもしろい名前の恐竜を教えて

A 恐竜の名前は、体の特徴やくらし方、発見した人や地域などにちなんでつけられます。変わった名前の恐竜をいくつか紹介します。

ゴジラサウルス
三畳紀にいた獣脚類。名前をつけたアメリカの研究者が、日本の映画に出てくる怪獣「ゴジラ」のことが好きだったため、このように名づけた。

サイカニア
「美しいもの」というモンゴル語に由来した名前の、白亜紀にいたよろい竜類。姿が美しいというわけではなく、発見されたゴビ砂漠の山脈にちなんだ名前がつけられた。

●**ガソサウルス……ガスのトカゲ**
中国で化石が見つかりました。発掘の際に、中国のガス会社が協力したため、この名前がつきました。ジュラ紀にいた獣脚類です（→21ページ）。

●**ステゴサウルス……屋根トカゲ**
ステゴの響きが、日本語の「捨て子」のようですが、背中についた骨の板を屋根に見立て、ラテン語で「屋根トカゲ」という名前がつきました。ジュラ紀にいた剣竜類です（→24ページ）。

●**イリテーター……いらだたせるもの**
化石を取り扱う商人が、化石に細工をして、実際の化石とちがう形にしたため、研究者が怒っていらだったことからついた名前だといわれています。白亜紀にいた獣脚類です。

●**メイ・ロン……しずかに眠る竜**
白亜紀にいた小さな獣脚類です。うずくまって眠ったような化石が、中国で発見され、その姿を中国語で表した名前がつけられました。

消えた名前

以前はブロントサウルス（雷竜の意味）という竜脚類がいましたが、現在ではその名前はなくなってしまいました。実は、若いアパトサウルス（まどわすトカゲの意味）の化石を、アパトサウルスと気づかずにブロントサウルスと名づけてしまったのです。同じ種類の恐竜にちがう名前がついた場合、先につけられた名前が優先して残ります。このため、アパトサウルスに統一されました。

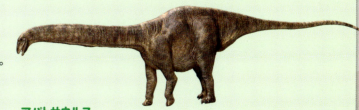

アパトサウルス
ジュラ紀後期にいた竜脚類で、全長はおよそ25m。アメリカで見つかった。近縁なディプロドクスと比べ、がっしりとした体格だった。えんぴつのような細い歯で、樹木の葉などをむしり取って食べていた。

Q 化石はどうやってできるの？

化石とは、昔の生きものの姿や、くらしのあとが残されたものです。何万年も前に生きていた恐竜の化石は、どのようにできて、どうやって現代まで残ったのでしょうか。

A 生きものの化石は、地中にうもれた死骸の骨が長い時間たつうちに、化学変化で鉱物に変わり、石のようになったものです。

大抵、死骸はすぐにくさったり、ほかの生きものに食べられたりするため、化石になる死骸はほんの一部です。死んですぐに水に沈んだり、土や砂、どろなどが積もったりして土砂にうもれ、地中深くでうまく保存されたものだけが化石になるのです。

恐竜の化石ができるまで

①

恐竜の死骸が、川や湖に沈んだり、土が上に積もったりする。肉や内臓は、そのうちくさり、骨だけが残る。

②
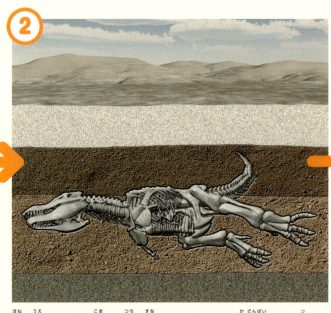
骨の上にどんどん細かい土や砂やどろ、ときには火山灰などが積もり、層ができてうもれていく。

Q 恐竜以外の生きものの化石にはどんなものがあるの？

A 昆虫や魚、貝、植物など、いろいろな生きものの化石が残っています。また、今ではいなくなってしまった生きものの姿も、化石から知ることができます。

トンボの化石。現代のトンボとほとんど変わらない姿。

恐竜がくらしたあと

恐竜の骨の化石だけでなく、くらしがわかる化石が、発見される場合があります。ぬかるんだ地面を歩いてついたあしあとや、卵が入った巣、さらにはうんちなども化石で残っています。

こういった化石を、「生痕化石」といいます。群れでくらしたのか、どのような形の巣をつくったのか、卵はいくつ産んだのかなど、骨の化石だけではわからない恐竜の姿が見えてきます。

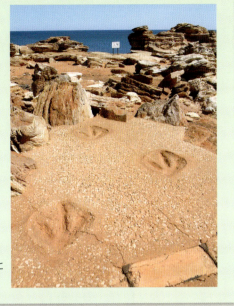

恐竜のあしあとの化石。あしあとから、歩く速さなどがわかる。

豆知識 人知れずなくなる化石

地面や岩からむき出しの化石は、1年もすると風や雨などに当たってくずれてしまいます。人に発見されずに、なくなる化石もたくさんあります。

③

上に重なる層の重みで、骨のまわりの土や砂が固まり、硬い岩になる。土や砂の成分が、骨に入り込み、鉱物になる。

④

地震などで地中が盛り上がったり、風や水で地面がけずられたりして、地表の近くに化石が出てくる。それを人が発見する。

葉の化石。ふちのりんかくや、葉脈のあとがきれいに残っている。

三葉虫。恐竜がいた時代よりも古い、5億年前〜2億年前にいた生きもの。

豆知識 印象化石

植物の葉などはやわらかくうすいので、それ自体は残りにくいのですが、しみや模様の形が残ります。このように、形の印象が残った化石を「印象化石」といいます。

Q 化石の発掘はどうやって行うの？

古い時代の生きものを研究する学問を古生物学、研究する人を古生物学者といいます。古生物学者にとって化石の発掘は、生きものの誕生や進化、姿やくらしなどを知る重要な手がかりになります。

A 化石の見つかりそうな場所を探して、岩を掘って発掘します。発掘現場は、山や崖、人の住んでいない場所などが多く、何か月もかけて発掘調査をすることもあります。発掘のようすを順を追って紹介します。

①調査
地質や地形のデータ、地図などを参考にしながら調査して、化石がありそうな場所を予想・特定する。

②機械で掘る
発掘する場所を定めたら、ハンマーや機械で地層を掘り、化石を探す。掘って出た岩の破片にも、小さな化石がふくまれているかもしれないので、調べる。

③化石発見、さらに掘る
地層から化石が出てきたら、どのような状態かを確認して、記録をとり、化石のまわりをていねいに掘っていく。

④石膏で固めて運ぶ
化石をおおまかに掘り出したら、石膏で固めて研究所や博物館へ運ぶ。石膏で固めるのは、運ぶ途中や、保管中にこわれるのを防ぐため。

⑤クリーニング
研究所や博物館についたら、化石のまわりの岩や石膏をきれいにけずって、クリーニングする。その後くわしく調べ、化石を組み立てる。

大きな化石を発見！
化石のまわりは細心の注意をはらってけずります。骨格がつながったままで見つかるよりも、骨がバラバラになっていたり、体の一部のみで発見されることが多いです。

Q 昔の人は恐竜の化石のことをどう思っていたの？

A 恐竜の化石に名前がつき、恐竜という生きものがいたとわかったのは、1800年代からですが、そのずっと前から、地中から出てくる化石のことは知られていました。

しかし、昔の人は、その大きな骨がなんなのか、まったくわからず、そのため、神話や伝説に結びつけて考える人もいました。たとえば、竜や巨人の骨だったり、キリスト教の伝説に出てくる「ノアのはこ舟（神が起こした洪水のときにつくられた舟）」に乗れなかった、動物の死骸だったりと、思われていました。

Q なぜ、いつの時代の化石かわかるの？

A 化石の時代を知るヒントは地層にあります。地層にふくまれる化石は、時代によってちがうことから、どの時代の地層か、おおよそわかります。特に、判断材料になる化石を、「示準化石」といいます。その時代だけに生きていたと、はっきりわかっている生きものの化石です。

恐竜の化石は、恐竜が生きていた三畳紀～白亜紀をふくむ中生代という時代の地層から発見されていますが、より細かくいつの年代かを知る方法として、「放射年代測定」が知られています。地層の中でも、特に火山灰や溶岩にふくまれている、ウランなどの放射性物質を測定し、計算して、年代を出すという方法です。

むき出しになった地層。時代によって積み重なる層にふくまれているものがちがう。

Q 化石を発掘したい。どうしたらいいの？

A 恐竜や化石を展示している施設や、博物館の中には、化石発掘の体験ができるところがあります。運がよければ貝や植物、アンモナイトなどの化石を、さらには恐竜の化石を見つけることができるかもしれません。発掘体験を行っている施設や博物館をいくつか紹介します。くわしい情報は問い合わせたり、インターネットで見てみましょう。

化石発掘体験を行っている施設や博物館

●神流町恐竜センター
群馬県多野郡神流町大字神ヶ原51-2
☎0274-58-2829

●かつやま恐竜の森
福井県勝山市村岡町寺尾51-11
☎0779-88-8777

●いわき市アンモナイトセンター
福島県いわき市大久町大久字鶴房147-2
☎0246-82-4561

●久慈琥珀博物館
岩手県久慈市小久慈町19-156-133
☎0194-59-3831

●白山恐竜パーク白峰
石川県白山市桑島4-99-1
☎076-259-2724

●天草市立御所浦白亜紀資料館
熊本県天草市御所浦町御所浦4310-5
御所浦島開発総合センター内
☎0969-67-2325

豆知識 薬になる化石

中国では、昔から大型動物の化石を「竜骨」とよび、漢方薬の材料にしています。以前は、恐竜の骨も使われていたようですが、現在では、ゾウやウシなどの、ほ乳類の化石のみを使っています。

日本からはどんな恐竜の化石が発掘されているの？

日本ではじめて見つかった恐竜化石は、竜脚類の前あしです。1978年に岩手県で発掘されました。今では各地で多くの恐竜化石が発掘されています。

A 日本では18の県と道で恐竜化石が見つかっていて、その多くはジュラ紀から白亜紀の恐竜です。獣脚類、竜脚類、鳥脚類、よろい竜類など、いろいろな種類の恐竜の部分化石や、あしあと化石が見つかっていますが、実際に、正式な学名がついているのは、現在6種類です。さらに、今後学名がつきそうなものが2種類ほどあります。

正式に学名がついている日本の恐竜

● **ニッポノサウルス**
当時日本領だった樺太（北海道の北に位置）で、1934年に見つかった鳥脚類。

● **フクイラプトル**
福井県勝山市で見つかり、2000年に学名がついた獣脚類。

● **フクイサウルス**
1989年に福井県勝山市で見つかり、2003年に学名がついた鳥脚類。

● **アルバロフォサウルス**
1998年に石川県白山市で見つかり、2009年に学名がついた。鳥盤類だがくわしい分類がはっきりとせず、今のところ、鳥脚類と角竜類、堅頭竜類をまとめてよぶ角脚類に分類されている。

● **フクイティタン**
2007年に福井県勝山市で見つかり、2010年に学名がついた竜脚類。

● **タンバティタニス**
2006年に兵庫県丹波市で見つかり、2014年に学名がついた竜脚類。

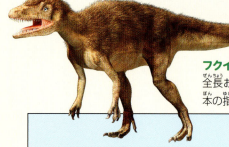

フクイラプトル
全長およそ4.2mの獣脚類。白亜紀前期にくらしていた。前あし3本の指には大きなかぎづめがあり、目の上には小さな出っぱりがある。

恐竜化石 発掘地

手取層群
北陸地方一帯にまたがる中生代の地層で、多くの化石が発掘されている。

- 樺太（ニッポノサウルス）
- 北海道中川町
- 北海道小平町
- 北海道夕張市
- 石川県白山市（アルバロフォサウルス）
- 富山県富山市
- 岩手県岩泉町（日本初の恐竜化石）
- 福島県南相馬市
- 福井県勝山市（フクイサウルス、フクイラプトル、フクイティタン）
- 福島県広野町　福島県いわき市
- 福井県大野市
- 群馬県神流町
- 兵庫県丹波市（タンバティタニス）　兵庫県篠山市
- 長野県小谷村
- 山口県下関市
- 岐阜県高山市（日本でいちばん古い4億5000万年前の地層がある）
- 福岡県北九州市
- 三重県鳥羽市
- 福岡県宮若市
- 徳島県
- 長崎県長崎市
- 勝浦町
- 和歌山県湯浅町
- 熊本県天草市
- 鹿児島県薩摩川内市
- 熊本県御船町　兵庫県洲本市

Q 博物館にある恐竜化石は本物なの？

A 本物の化石から型をとってつくった、レプリカを展示していることが多いようです。本物の化石は重く、取り扱うのは大変なので、軽いレプリカをつくって組み立てるのです。

欠けている部分の修復・補強をした化石の型をとり、軽い素材を流し込んで骨のパーツをつくります。全身がそろった化石だと、骨の数が何百にもなります。骨のパーツができたら、骨格を支える金属の枠に合わせて組み立てていきます。レプリカ化石の組み立てには学者や技術者、コンピュータの専門家など、たくさんの人の力が必要になります。

中国、昆明市博物館のようす。

Q 世界ではどの地域から恐竜化石がよく発掘されているの？

A 恐竜の化石はさまざまな国で発見されています。その中でも有名な発掘現場を紹介します。

世界の恐竜化石発掘現場

①北米 モリソン層
コロラド州やワイオミング州などにあるジュラ紀後期の地層。竜脚類のアパトサウルスの全身骨格発掘で知られる。ほかにも多くの恐竜化石が見つかっていて、その数は130種になる。

②北米 ヘルクリーク層
モンタナ州などにある白亜紀後期の地層。1902年に世界で初めてティラノサウルスの化石が見つかった場所。

③カナダ アルバータ州立恐竜公園
世界最大級の発掘場所で、世界遺産にも登録されている。白亜紀の地層がむき出しになっていて、その時代のさまざまな恐竜化石が見つかっている。

④アルゼンチン イシワラスト州立公園 "月の谷"
世界遺産に登録されている州立公園で「月の谷」ともよばれる。三畳紀後期の恐竜化石が多く、最古の恐竜であるエオラプトルやヘレラサウルスなどの化石が見つかっている。

⑤ドイツ ゾルンホーフェン
バイエルン州にある化石産地。1861年にアーケオプテリクス（始祖鳥）の化石が発見されたことで有名。魚類やは虫類、昆虫などの化石がよく出る。

⑥モンゴル ゴビ砂漠 "炎の崖"
砂漠にある白亜紀後期の地層で、夕日に染まった色から「炎の崖」とよばれる。世界初の恐竜の巣と卵の化石や、2頭でたたかった姿の恐竜の化石などが見つかっている。

⑦中国 遼寧省
白亜紀前期の地層の化石産地。羽毛が生えた小型獣脚類シノサウロプテリクスが1995年に見つかり、その後、続々と羽毛恐竜や鳥類が見つかっている。

Q 現代には恐竜はもういないの？

人が現れるずっと前に栄えた恐竜ですが、現在ではその大きな姿は生きて見ることができません。恐竜は、すべていなくなってしまったのでしょうか。

A

化石で見つかるような大きな恐竜はいなくなってしまいましたが、恐竜の子孫は身近なところに残っています。それは鳥です。

1861年に発掘された「始祖鳥（アーケオプテリクス）」は、姿はほとんど鳥なのに、鳥とはちがう特徴も併せもっていました。その姿から、「始祖鳥は、恐竜から鳥に進化する途中で、鳥の祖先は恐竜だ」という説が出ましたが、まだ確定的ではありませんでした。

その後、100年以上たって羽毛の生えた獣脚類が見つかりました。中には鳥の翼と似た翼をもつ恐竜もいて、恐竜と鳥のつながりがはっきりとしてきました。現在では、鳥は恐竜の獣脚類から進化したのは確定的だと考えられています。

アーケオプテリクス
ジュラ紀後期の鳥類で、現在見つかっている中で最古の鳥。全長は50cmほど。現代の鳥にはない長い尾の骨や歯、翼についた3本の指などがある。また、あしの親指のつき方が現代の鳥とちがう。現在見つかっている化石はすべてドイツから発掘されている。

始祖鳥（アーケオプテリクス）の化石。羽毛のあとがはっきり残っている。現代の鳥の直接の祖先ではなく、ちがうグループの鳥だと考えられている。また、鳥ではなく恐竜の一種だという説もある。

Q 恐竜をよみがえらせることはできないの？

A

恐竜の完全なDNAがあれば、クローンをつくってよみがえらせることは可能かもしれません。恐竜映画『ジュラシック・パーク』は、琥珀に閉じ込められた蚊の体内に、恐竜の血液が残っていて、そこからDNAを取り出し、恐竜をよみがえらせるという設定でした。

しかし、実際にはそんなに長い間、DNAの形は保たれません。最後の恐竜が生きていたのは、6600万年も前で、はるか昔のことです。DNAは、保存状態がよくても150万年ほどで解読ができなくなり、680万年ほどで分子がなくなるという研究報告もあります。

今のところ、恐竜をよみがえらせることはできませんが、しかし可能性がないとは言い切れません。いつか新しい方法が開発されて、恐竜がよみがえるかもしれませんね。

豆知識 マンモスをよみがえらせる

1万年前に絶滅したマンモスも、クローンや再生の研究が行われています。恐竜に比べて生きていた時代が現代と近く、またシベリアなどから見つかるマンモスは、化石になっていない氷づけの状態なので、細胞の保存状態が恐竜よりもよいのです。

Q 恐竜と鳥はどこがちがうの？

A 恐竜にはあった歯や前あし、長い尾の骨などが、現代の鳥にはありません。しかし、鳥のもつ特徴と、恐竜のもつ特徴には、共通の部分も多くあります。恐竜のいた時代から、すでに恐竜から分かれた原始的な鳥が多くいましたが、歯や長い尾の骨などの、恐竜の名残りがありました。また、現代の鳥の翼には指がありませんが、原始的な鳥には前あしに指が残っていました。このように、恐竜と鳥の境界線は実のところはっきりしません。

現代の鳥（ハト）。羽ばたいて飛ぶことができる。前あしは完全に翼になり、長い尾の骨や歯はない。

鳥と姿が似ている恐竜

カウディプテリクス
中国で見つかった、白亜紀前期の獣脚類。口先はくちばし状で、前あしに翼があり、さらに尾には羽があった。鳥の姿と似ていたが、飛ぶことはできなかったと考えられる。全長はおよそ1m。

ミクロラプトル
口先はとがり、前あしと後ろあしすべてに翼がついて、ほとんど鳥のように見える。おそらく、羽ばたいて飛ぶことはしなかったが、つめを立てて木の上にのぼり、翼を広げて滑空していたと考えられる。白亜紀前期の小さな獣脚類で、全長はおよそ80㎝。中国で見つかった。

羽毛はなんのために生えた？

羽毛や翼が発達した恐竜から、現代の鳥へとつながっていますが、恐竜の羽毛は、飛ぶために生えたわけではありません。体から熱が逃げないように保温の役目をしたり、卵を温めるためだったり、オスからメスへのアピールだったりなど、さまざまな役目があったと考えられます。そういった、いろいろな役目の中から、木の上にかけのぼるために翼を羽ばたかせたり、滑空したりするために使うものが現れて、より翼が発達し、飛ぶようになったといわれています。

卵を温めるオビラプトル。

オビラプトル
白亜紀後期の獣脚類で、全長はおよそ1.5m。モンゴル、中国で見つかった。全身が羽毛におおわれ、前あしには翼があった。オビラプトルの化石には、卵が入った巣におおいかぶさった姿で見つかったものがあり、鳥のように体で卵を温めたと考えられている。

第1章 恐竜のなぜ？どうして？

Q どうして恐竜はいなくなったの？

一部の恐竜は鳥へと進化して子孫を残しましたが、ほとんどの恐竜は6600万年前に絶滅して姿を消してしまいました。それは、ある理由による環境の変化が原因といわれています。

A 恐竜が絶滅した原因の有力な説のひとつに、地球と小惑星の衝突による環境の変化があげられます。小惑星の衝突で、地震や津波が発生して大変な災害が起こったのです。加えて、衝突で舞い上がったちりやほこりで、太陽の光が地上に届かなくなりました。そのため、気温が下がって植物は枯れ、食べるものがなくなった植物食恐竜が、まずは死んでいき、えものが減ったため、肉食恐竜も死んでしまったと考えられます。

しかし、恐竜以外のは虫類（ワニやカメ）や昆虫には生き残っているものが多いことから、環境の変化が原因ではなかったという説もあります。台頭してきた小型のほ乳類との生存競争に恐竜が敗れた、という可能性も考えられています。

小惑星の衝突が、恐竜の絶滅を招いたのだろうか？

豆知識 隕石衝突の名残り

恐竜が絶滅した白亜紀末期の地層に、イリジウムという小惑星由来の金属が多くふくまれていたこと、またメキシコのユカタン半島に、小惑星が衝突したあとがあることなどから、隕石衝突説が有力になりました。

Q 最後まで生き残った恐竜は？

A ティラノサウルス（→30ページ）、トリケラトプス（→22ページ）、パキケファロサウルス（→21ページ）など、白亜紀後期に現れた恐竜たちが、最後まで生きていた恐竜です。

また、竜脚類のアラモサウルスは、ほかの恐竜が絶滅したあとも、しばらく生き残っていたという説がありますが、はっきりとした証拠はなく、定かではありません。

豆知識 絶滅の境界線

イリジウムをふくんだ層は、「K-T境界線」とよばれます。恐竜が生きた中生代と、その後の新生代との地層の境目にあります。

第2章 翼竜・海にすむは虫類の なぜ？ どうして？

恐竜の生きた時代には、空にも海にも、は虫類がいました。
恐竜と似ているけれど、ちがうグループの生きものです。
恐竜とは、どこがちがうのでしょうか？
そしてどんな姿やくらしをしていたのでしょうか？
空と海のなぜ？ どうして？ を探ってみましょう。

Q 海や空にも恐竜はいたの？

三畳紀・ジュラ紀・白亜紀の陸上を支配した恐竜ですが、では、陸だけでなく、海の中や空にも恐竜はいたのでしょうか。

A いいえ、海や空に恐竜はいませんでした。恐竜の条件のひとつに、陸上でくらしたことがあげられます。だから海でくらしたり空を飛んでいたは虫類は、恐竜ではありません。

しかし、恐竜の竜脚類によく似た姿の、首の長い生きものが、水中を泳ぐ復元図を見たことがある人もいるでしょう。これは、恐竜とは別のグループの、海にすむは虫類なのです。恐竜のいた時代に空を飛んでいたは虫類も、同じように恐竜ではなく、翼竜というグループです。

豆知識 恐竜と翼竜の祖先は一緒

恐竜と翼竜は、ちがうグループの生きものですが、三畳紀あたりに共通の祖先から分かれたと考えられていて、わりと近い生きものです。

翼竜

翼竜は、恐竜と近いグループの空飛ぶは虫類です。三畳紀から白亜紀にかけての、ちょうど恐竜が生きた時代と同じころに栄えました。前あしの長い指と、後ろあしの間に皮膚のうすい膜が張られていて、これで滑空して空を飛びました。祖先は木の上でくらし、やがて飛ぶ能力をもったと考えられています。初期の翼竜は小さいものが多く、時代が進むにつれて大きな種類が現れました。

プテラノドン
白亜紀を代表する大型の翼竜で、アメリカで見つかった。翼を開いた大きさは7～8m。頭にある長いとさかは、いろいろな形のものが見つかっている。頭は2m近くもあり、くちばしも長く、魚をつかまえて食べていたと考えられる。

Q 翼竜と鳥はどこがちがうの？

A 同じ空を飛ぶ生きものですが、鳥は、恐竜から進化して鳥類になったと考えられ、翼竜とは別のグループになります。翼のつくりもちがいます。

翼竜は、とても長くのびた前あしの薬指と、後ろあしの間に皮膚の膜が張られています。鳥の翼は、前あしに生えた羽でできています。

鳥の翼。何枚もの羽が重なってできている。翼竜の翼は、うすい皮膚が1枚だけおおっている。

44

Q 海にすむは虫類と恐竜はどこがちがうの？

A 海にすむは虫類には、恐竜と似た姿の種類がいますが、実は恐竜よりもトカゲやヘビに近い仲間です。また、大きなちがいのひとつに、あしのつき方があります。恐竜のいちばんの特徴は、体からあしがまっすぐ下にのびていることです。これは、ほかのは虫類にはない特徴です。海にすむは虫類は、ひれになったあしが体の横についていました。さらに、恐竜は卵を産みましたが、海にすむは虫類は赤ちゃんを産んだと考えられています。

海にすむは虫類

海にすむは虫類は、陸から海へとすむ場所をかえ、あしが変化したひれや魚のような体など、水中に適した姿になったは虫類です。恐竜が生きた時代の海の中には、さまざまな姿のは虫類がくらしていました。三畳紀にはトカゲのような姿のノトサウルス類、ジュラ紀には魚やイルカに似た形の魚竜、白亜紀には首が長い首長竜や、ワニのような顔のモササウルス類などが栄えていました。

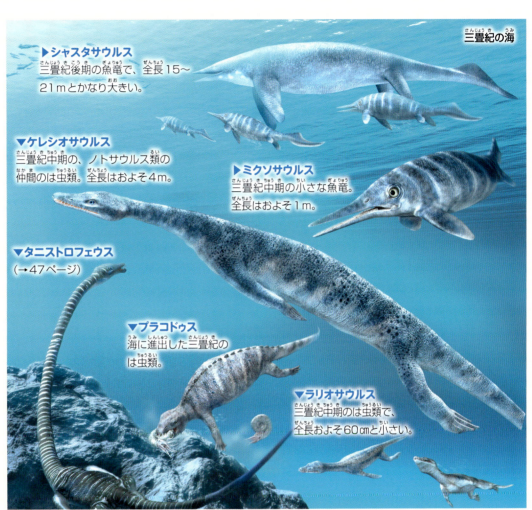

三畳紀の海

▶シャスタサウルス
三畳紀後期の魚竜で、全長15〜21mとかなり大きい。

▼ケレシオサウルス
三畳紀中期の、ノトサウルス類の仲間のは虫類。全長はおよそ4m。

▶ミクソサウルス
三畳紀中期の小さな魚竜。全長はおよそ1m。

▼タニストロフェウス
（→47ページ）

▼プラコドゥス
海に進出した三畳紀のは虫類。

▼ラリオサウルス
三畳紀中期のは虫類で、全長およそ60cmと小さい。

種類はちがうが姿は似ている

翼竜と鳥は、ちがうグループの生きものですが、ともにくちばしがあり、翼で空を飛ぶという似た特徴があります。また、魚竜と魚はよく似ていますが、これは水中でくらしやすい姿で、海にすむほ乳類のイルカも似た形です。このように、同じような環境にくらす生きものが、似通った姿や特徴になることを、「収斂進化」といいます。

魚（左）もイルカ（右）も、泳ぐためのひれと、水の中で動きやすいなめらかな体という共通の特徴をもつ。海にすむは虫類の魚竜も似た姿。

Q なぜ首長竜はこんなに首が長かったの？

胴体とのバランスから見ると、異常に長い首ですが、なぜこんなに長くなったのでしょうか。特別な使い方や、首が長いほうが得をすることなどがあったのでしょうか。

A なぜこんなに長くなったのか、どういう使い方をしていたのかはよくわかっていません。以前は、首をクネクネと動かしたりまっすぐに持ち上げたり、自由に動かすことができ、えものをつかまえるのに便利だったといわれていました。

しかし、現在では、左右や下に動かせる程度だったという説や、下にはよく動いたが上にはあまり動かせなかった、などの説も出てきています。泳ぎながら見つけた海底のえものを、首を下げてつかまえていたのかもしれません。また、オス同士がメスや縄張りを争うのに、首の長さを競っていたという可能性もありえます。

豆知識 海へかえったは虫類

最初の生命は、海の中で誕生しました。さまざまな生きものが現れ、やがて魚のひれがあしに変化し、陸と水中の両方で活動する両生類が生まれました。そこからさらに、陸のくらしに適したは虫類に進化しました。その後、陸に上がったは虫類の一部が、再び海へとかえり、海にすむは虫類となりました。

エラスモサウルス
白亜紀後期の首長竜で、全長はおよそ14m。首が全長の半分以上を占めるほど長く、首長竜の代表種。体をあまり動かさずに、大きなひれを使って泳いでいたと考えられる。頭は小さく尾は短い。アメリカで見つかっている。

体　たるのように大きい。

首　骨は70個以上ある。

エラスモサウルスと比べたおとなの人。

口　するどい歯は上下に飛び出している。

Q 首が短い首長竜がいたって本当？

A はい、本当です。エラスモサウルスのように首の長いプレシオサウルス類のほかに、クロノサウルスのように首の短いプリオサウルス類がいました。首が短いタイプは頭が大きく、首と頭を合わせた長さが体の半分近くになりました。

首の長さはちがいますが、首から頭にかけての長さよりも、尾のほうが短いなど、共通する特徴をもっていました。

いちばん首の長い生きもの

三畳紀には、とても首が長い、タニストロフェウスというは虫類がいました。全長の3分の2が首というものもいて、体と首の割合でいうと、生きものの中でいちばん長いです。首が長いわりには骨の数は少なく、エラスモサウルスの70個以上と比べて、10個しかありません。首の骨のひとつひとつが長く、首はあまり曲がらなかったようです。

タニストロフェウス
三畳紀後期のは虫類。全長はおよそ3m。海辺でくらし、浅い水辺と陸とをゆき来しながら、魚などをとって食べていたと考えられる。ヨーロッパや中国などで見つかっている。

第2章 翼竜・海にすむは虫類のなぜ？どうして？

Q 速く泳ぐことはできたの？

A エラスモサウルスなどの首の長いタイプは、あまり速くは泳げなかったようです。その代わり、長い距離を泳ぐことができ、また、4つのひれを使って向きを変えたり、深くもぐったりといった動きをしていたと考えられています。

また、クロノサウルスなどの首の短いタイプは、首の長いタイプよりも体に水の圧力がかからないので、速く泳げたのではないでしょうか。

尾　短い。

あし　すべてひれになっているが、指の骨が残っている。

クロノサウルス
白亜紀前期の首が短い首長竜。全長は9～10m。頭が3mほどもあり、ワニのような大きな口とするどい歯をもち、かむ力は強力だった。オーストラリアで見つかっている。

Q 海にすむは虫類は何を食べていたの？

海にすむは虫類の多くが、大きな口やあごと、するどい歯をもっていました。大きなえものや硬いものも、難なく食べることができたようです。

魚やアンモナイト、イカ、カメや貝など、いろいろなものを食べていたと考えられています。首長竜の化石の胃の中には、魚、アンモナイト、イカなどが残っていました。また、モササウルスにかまれたあとが残る、アンモナイトのからや、カメのこうらの化石が見つかっています。

魚竜の胃からも、魚やイカが見つかっています。魚竜は泳ぐ能力を活かして、魚やイカの群れを追いかけてつかまえたり、海の深くにもぐって、えものをとっていたりしたと考えられます。海にすむは虫類同士でも、大きなものが小さなものを、えものにしていたのではないでしょうか。

モササウルスのあごの化石。するどくて大きな歯の形が残っている。

アンモナイト
巻貝のようなからをもつ、イカやタコの仲間。恐竜の時代より前のシルル紀に現れ、白亜紀末まで海の中で栄えた。

Q 水中でえものはよく見えるの？

A すばやく泳ぐ魚やイカをつかまえていたので、ある程度、目がよかったのではないでしょうか。特に魚竜はとても大きな目をもち、かなり目がよかったと考えられています。暗いところでもよく見え、光の届かない深い海でも、えものをつかまえることができたかもしれません。

オフタルモサウルス

ジュラ紀後期の魚竜で、全長およそ5m。眼球が10cmもあり、名前は「目のトカゲ」という意味。やわらかいイカなどを食べていたと考えられる。イギリス、ロシア、アメリカで見つかっている。

Q 水中でくらしていて、息は苦しくなかったの？

A 海にすむは虫類は、陸の生きものと同じく、空気を吸って酸素を肺に取り込む「肺呼吸」です。そのため、ときどき水面に上がってきて空気を吸わなければいけませんでした。現代の海にすむ生きものだと、ほ乳類のイルカは3～10分、アザラシは3～30分くらいの間隔で、水面から顔や鼻を上げ空気を吸っています。は虫類のウミガメは、長いときには2時間くらい、水面に上がらずにもぐっています。

魚などは、水をえらに通して、水中にとけ込んでいる酸素を取り込む「えら呼吸」なので、水中で呼吸ができます。

第2章 翼竜・海にすむは虫類のなぜ？どうして？

モササウルスは、大きく開く口とするどい歯で、魚やアンモナイト、カメなどを食べていた。強力なかむ力で、骨やからごとくだいたのだろう。浅い海でえものを探し、見つけたらすばやく泳いでしとめていたと考えられる。

モササウルス

大型のモササウルス類で、白亜紀後期の海の王者。全長はおよそ15mで、ワニのような大きな頭をもっていたが、分類はトカゲやヘビに近い仲間。体をくねらせて尾を左右にふり、かなりのスピードを出せたが、長い距離は泳げなかったと考えられる。ヨーロッパ、アメリカで見つかっている。

Q 翼竜はどうやって空を飛んだの？

現在見られる、空を飛ぶ生きものの代表は、鳥です。鳥は、あしでジャンプしながら羽ばたいて飛びますが、翼竜も同じように飛んだのでしょうか。

A

翼竜は後ろあしが発達していなかったので、後ろあしだけではジャンプができませんでした。その代わり、翼の膜が張られている前あしが頑丈にできていました。後ろあしと前あしを地面につけて、4本のあしでけってジャンプしてから翼を広げ、飛び立ったという説があります。また、大きな翼竜は崖の上でくらし、崖から飛び立っていたともいわれています。

翼を広げたら、羽ばたかず、グライダーのように風に乗って飛んだようです。翼竜の化石は、昔海辺だった場所から見つかることが多く、海に吹く風に乗って飛んでいたのかもしれません。

また、原始的な翼竜の中には、木の上でくらし、木から飛び降りて滑空したものがいたようです。

ケツァルコアトルスと比べたおとなの人。

くちばし 大きく歯がない。
首 長い。

Q 最大級と最小級の翼竜は？

A

最大級の翼竜には、ケツァルコアトルスがあげられます。翼を広げた大きさは10〜11mもありました。しかし、現在、ケツァルコアトルスより大型かもしれない翼竜の体の一部分の化石が、見つかっています。もっと発掘が進めば、記録をぬりかえることになるかもしれません。

現在見つかっている最小級の翼竜には、プレオンダクティルスがいます。翼を広げた大きさはおよそ45㎝と、ハトよりも小さいのです。翼も小さく、原始的な翼竜の特徴である長い尾があります。

最小級

プレオンダクティルス
三畳紀後期の翼竜で、現在見つかっている最も原始的な翼竜のひとつ。翼を広げた大きさはおよそ45㎝。原始的な翼竜の特徴である長い尾と小さな翼をもち、歯はまばらに生えている。イタリアで見つかっている。

Q 最大級の翼竜は、重くても飛べたの？

A 翼竜は、骨が軽くできていて、飛ぶために都合よい体のつくりです。そのため、巨大なケツァルコアトルスも体のわりに体重が軽かったという説があり、その一方、これほど大きな体だと、体重は200kgほどになっただろうともいわれています。

たとえ200kgあっても、上にのぼる風（上昇気流）の力で、飛ぶことはできたと考えられています。

豆知識 羽毛が生えていた

翼竜の化石から、羽毛が生えたあとが見つかっています。体温を保つために生えていたと考えられています。

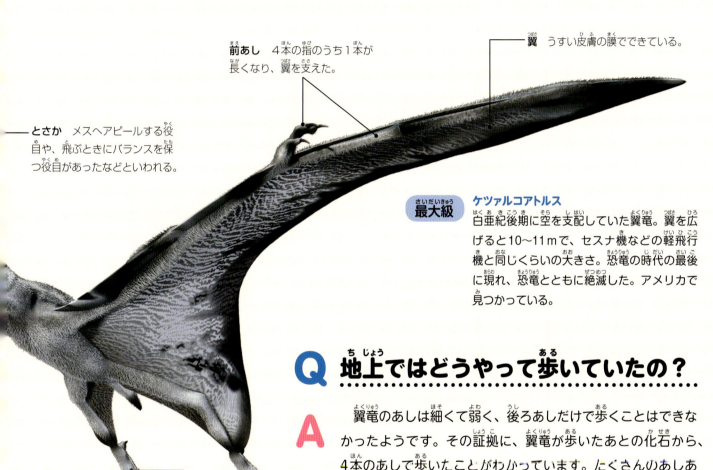

前あし 4本の指のうち1本が長くなり、翼を支えた。

翼 うすい皮膚の膜でできている。

とさか メスへアピールする役目や、飛ぶときにバランスを保つ役目があったなどといわれる。

最大級 ケツァルコアトルス
白亜紀後期に空を支配していた翼竜。翼を広げると10〜11mで、セスナ機などの軽飛行機と同じくらいの大きさ。恐竜の時代の最後に現れ、恐竜とともに絶滅した。アメリカで見つかっている。

後ろあし あまり発達していない。後ろあしにも皮膚の膜がある。

Q 地上ではどうやって歩いていたの？

A 翼竜のあしは細くて弱く、後ろあしだけで歩くことはできなかったようです。その証拠に、翼竜が歩いたあとの化石から、4本のあしで歩いたことがわかっています。たくさんのあしあとから、四足歩行で歩きまわっていた翼竜の姿が想像できます。

豆知識 空を飛んだ生きもの

地球上で最初に空を飛んだのは昆虫です。その後、翼竜が空を飛ぶ機能をもち、次に鳥が空を飛びました。そして、ほ乳類の中から、コウモリが空を飛ぶようになりました。

地上のプテラノドン。翼をたたんで前あしをつき、よつんばいで歩いた。

Q 翼竜は、何を食べていたの？

翼竜は一体何をどのように食べていたのでしょうか。くちばしは、食べものを食べるために、何か役に立っていたのでしょうか。

A 多くの種類は、おもに魚を食べていたようです。ほかには、浅い水辺で水中の小さな生きものを食べるものがいたり、また、小さな翼竜には昆虫を食べるものがいました。ケツァルコアトルスなど大型の翼竜は、地上に降りて恐竜の子どもなどを食べていたかもしれません。食べものによって、くちばしや歯に特徴がありました。

魚を食べる

水面を飛びながら魚を見つけ、細いくちばしを水につっこんで魚をとる。魚をしっかりくわえるために、するどい歯が役立った。

▶ **エウディモルフォドン**
三畳紀後期の原始的な翼竜で、翼を広げた大きさはおよそ90cm。

昆虫を食べる

飛びながら、大きく口をあけて昆虫をつかまえる。ギザギザの歯は、昆虫を逃がさないように、うまく閉じ込める役目をした。

◀ **アヌログナトゥス**
ジュラ紀後期の小さな翼竜。翼を広げた大きさはおよそ50cm。

水生生物を食べる

びっしりと生えたブラシのような細い歯を、水中に入れて水をすくい、小さなカニやエビなどをこしとって食べた。

▶ **クテノカスマ**
ジュラ紀後期の翼竜で、200本以上の細長い歯があった。翼を広げた大きさはおよそ1.2m。

Q どんなところでくらしていたの？

A　もともと海辺だったところから、たくさんの翼竜の化石が発掘されています。飛ぶのに役立つ風が吹き、食べものの魚もいたので、くらすのに都合のよい場所だったのでしょう。

　また、翼竜の祖先は、森でくらし、木の上を飛びまわっていたと考えられます。時代が進むうちに、だんだんと体が大きな種類が現れました。木の上でくらすのはきゅうくつになり、やがて地上でくらすようになったのではないでしょうか。

水辺に集まるランフォリンクス。

ランフォリンクス
原始的な特徴の長い尾をもつ。細長いくちばしには大きな歯が生え、魚をとってくらしていた。夜に活動していたという説もある。翼を広げた大きさはおよそ1.8m。ジュラ紀後期に栄えた。ドイツで見つかっている。

Q 子育てはしたの？

A　巣をつくったり、子育てをしていたことを示すあとは発見されていません。卵を土にうめた翼竜はいましたが、卵を守ったり、温めたりした証拠はありません。トカゲやカメなども、地中に卵をうめて、卵からかえった子どもが自力で土から出てくるので、同じような感じだったと思われます。また、翼竜は卵からかえるとすぐに飛べたと考えられ、親の世話はいらなかったのかもしれません。

Q ほかには、どんなは虫類がいたの？

恐竜が生きた時代には、翼竜や海にすむは虫類のほかに、どんなは虫類がいたのでしょうか。

A 初めてのは虫類は、恐竜が現れる8000万年以上も前に現れました。恐竜の生きた時代には、海にすむは虫類、空を飛ぶ翼竜のほかに、恐竜と同じく陸にすむものもいて、さまざまな種類が栄えていました。いくつか紹介します。

▶ヒペロダペドン
三畳紀後期の、植物食のは虫類。口の前側に硬い牙をもち、これで植物をひきちぎって、奥歯ですりつぶして食べたようだ。全長はおよそ1.3m。インドやイギリスなどで見つかっている。

◀プロトスクス
現在見つかっている最古のワニで、ジュラ紀前期に生きていた。全長はおよそ1m。あしがまっすぐで、現代のワニのような腹ばいではなく、体を地面からはなして歩いていた。アメリカで見つかっている。

▼アーケロン
白亜紀後期に栄えた史上最大のカメで、全長はおよそ4m、体重はおよそ2tもあった。海を泳いでくらし、するどいくちばし状になった口先で、アンモナイトなどを食べていたと考えられる。アメリカで見つかっている。

豆知識 現在のは虫類
現在のは虫類は、ワニ、トカゲ・ヘビ、カメ、ムカシトカゲの仲間に分けられています。海にすむは虫類はほとんどが絶滅し、カメのみが現在まで残っています。陸上では、恐竜以外の多くのは虫類が生き残りました。

第3章 ほ乳類のなぜ？ どうして？

恐竜がいなくなったあとは、ほ乳類が地上の主役になりました。
大昔のほ乳類には、今とはちがう姿のものがいました。
絶滅してしまったものもいます。
わたしたち人も、ほ乳類です。
ほ乳類のなぜ？ を知ることは、わたしたちの祖先を知ることです。

Q ほ乳類はいつごろ現れたの？

わたしたち人は、ほ乳類です。わたしたちの祖先はいつごろ現れ、どんな姿をしていたのでしょうか。恐竜とは、どんな関係だったのでしょうか。

A 三畳紀後期の恐竜が現れた時代に、ほ乳類も現れました。初期のほ乳類は、小さなネズミのような姿で、恐竜やは虫類に見つからないようにくらしていました。恐竜やほかのは虫類があまり活動しない夜に歩きまわり、昆虫やミミズなどを食べていたと考えられています。体中にびっしりと生えた毛で、体温を保つことができたので、気温の低い夜でも活動できたのです。

また、お乳が出たので、子どもに栄養を十分に与えながら育てることができました。初めは卵を産んでいましたが、やがて卵ではなく、赤ちゃんを産むものが現れました。しかし、それがいつだったのかは、はっきりしません。

ほ乳類は、小さいながらも生きる知恵を身につけ、数や種類を増やしていきました。

エオゾストロドン
三畳紀後期の、ネズミくらいの大きさのほ乳類。夜に活動し、昆虫などを食べていた。最古のほ乳類のひとつで、赤ちゃんではなく、卵を産んでいた可能性がある。イギリス、スイスで見つかった。

Q ほ乳類の祖先はどんな生きものなの？

A は虫類に似た姿の「単弓類」です。恐竜が現れるおよそ8000万年前の、は虫類の登場と同じころに現れ、新生代の初めに絶滅しましたが、ほ乳類に進化したものは、その後、栄えました。

単弓類とほ乳類の共通点は、頭骨にある穴です。左右の目の後ろに1つずつ穴があり、そこを筋肉が通っています。ほかのは虫類では、穴の数がちがっていたり、穴がなかったりします。

3億年前〜2億5000万年前のペルム紀の世界。単弓類（名前がついているもの）のほかに、は虫類、両生類も水辺に集まっている。

▼エダフォサウルス
▼コティロリンクス
▼ディメトロドン
▶ビアルモスクス
▲エステメノスクス
▶ディキノドン

Q 恐竜の生きた時代にはどんなほ乳類がいたの？

A まだ体の小さなものが多かったようですが、くらしや姿はさまざまでした。くらす場所は、陸上に限らず、水中や木の上にも進出していました。また、大きな体のほ乳類も発見されてきています。

▼カストロカウダ
ジュラ紀中期にいた、ビーバーに似た姿のほ乳類。指の間には水かきがあり、尾は平たく、水中を泳いで魚をとってくらしていた。現在のビーバーとつながりがあるのかはわかっていない。全長はおよそ45cmで、ジュラ紀のほ乳類では最大級の大きさ。中国で見つかった。

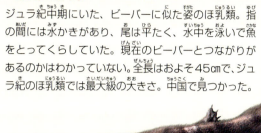

▲ディデルフォドン
カンガルーと同じように、腹部にある袋で子育てをしたと考えられる、白亜紀のほ乳類。大きさはネコや柴犬くらいだった。水生の小さな生きものや、トカゲ、恐竜の卵などを食べていたようだ。アメリカで見つかった。

◀レペノマムス
全長は1m以上とかなり大きな体で、白亜紀前期に栄えた。卵を産んでいた可能性がある。化石の胃から、プシッタコサウルスという恐竜の子どもの骨が見つかり、恐竜を食べていたほ乳類と話題になった。レペノマムスの発見で、当時のほ乳類にも大きく強いものがいたことがわかった。中国で見つかった。

▲フルイタフォッサー
穴を掘って地中の虫を食べていた、ジュラ紀の小さなほ乳類。土を掘るのに都合がよい大きいつめをもつ。アメリカで見つかった。

▲ボラティコテリウム
あしの間にある膜で、木から木へと滑空してくらしていたと考えられる、白亜紀前期のほ乳類。くらしも姿も現在のモモンガに似ている。リスくらいの大きさだった。中国で見つかった。

Q 恐竜が絶滅したあとは、どんなほ乳類が現れたの？

白亜紀末に恐竜が姿を消しましたが、その後の時代を「新生代」といいます。陸上を支配していた恐竜がいなくなったあと、ほ乳類は一体どうなったのでしょうか。

A 恐竜が絶滅した白亜紀末に、動植物の種類の半分以上が絶滅したといわれています。その中で、環境の変化に強かったものや、数が多かったもの、体が小さく少しの食べもので生きられたものなどは、生きのびることができました。

そして、恐竜に代わるように、さまざまな種類のほ乳類がすむ場所を広げました。大型のほ乳類が現れ、また、現代でも見られるほ乳類たちの祖先が登場しました。「ほ乳類の時代」のはじまりです。

パラケラテリウム

とても大きなサイの仲間で、鼻先から尾のつけ根までの長さが8mもあった。陸上のほ乳類では最大といわれる。長い首をのばして、木の葉を食べていた。サイの仲間だが、角はない。3300万年前～2300万年前に生きていた。中国やカザフスタンなどから見つかっている。

豆知識 鳥も栄えた

ほ乳類と同じように、鳥類も恐竜の絶滅後に栄えました。その中には、史上最大の鳥、エピオルニスもいましたが、絶滅してしまいました。ダチョウに似た姿で、頭までの高さは3mもありました。

第3章 ほ乳類のなぜ？どうして？

スミロドン
300万年前〜1万年前に生きていた、ネコやライオンの仲間。鼻先から尾のつけ根までの長さは、およそ2m。大きな2本の牙があり、マンモスなどを狩っていた。何頭もまとまって化石が見つかることから、群れでくらしたと思われる。アメリカなどで見つかっている。

マンモスをねらうスミロドン。ゾウやライオン、ヒョウなどがいる現代のサバンナと似た風景だ。

Q マンモスはゾウの祖先なの？

A 近い仲間ですが、直接の祖先ではありません。特にアジアゾウとはとても近い仲間で、特徴が似ています。マンモスは8種知られていますが、特に有名なのが毛むくじゃらのケナガマンモスです。

ケナガマンモス
25万年前〜1万年前に生きていた。氷河期の寒さにたえるための長くて厚い毛と、大きくカーブした牙をもつ。肩までの高さは2.5〜3m。イギリス、ロシア、中国、日本などで見つかっている。

氷河期

地球は、暖かい時期と寒い時期のサイクルをくり返しています。寒くて氷が広がる時代を、「氷河期」や「氷河時代」といいます。何度か大きな氷河期がありましたが、およそ250万年前から起こった氷河期が、最後の氷河期といわれています。最後の氷河期の中でも、後半にあたる今から10万年前〜1万年前は、特に寒さの厳しい時期でした。その寒さから身を守るため、ケナガマンモスなど、厚い毛皮をまとうほ乳類が現れました。

氷でおおわれた南極。南極と北極が氷でおおわれている現代はまだ、氷河期が続いていて、その中の穏やかな時期にあたるという説がある。

Q マンモスはなぜ絶滅したの？

マンモスは世界各地にくらしていましたが、今からおよそ1万年前に絶滅してしまいました。何か理由があったのでしょうか？

マンモスの絶滅は、人が世界中に広がった時期と重なります。さらに、この時期にはマンモスだけでなく、植物食の大型ほ乳類が多く絶滅しています。このことから、人にたくさん狩られてしまい、絶滅した可能性が高いといわれています。

また、マンモスが絶滅した時期は、地球の気候が変化した時期とも重なっています。今から1万年前に寒さが厳しい氷河期が終わり、気温が10℃も上がりました。それにより、今まで食べていた植物が生えなくなり、食べるものがなくなって絶滅したという説があります。

氷河期のケナガマンモス。マンモスは1回に産む子どもの数が少なく、おとなになるのにも時間がかかったと思われる。

Q 大昔の人は、今と同じ生きものを見ていたの？

A 大昔の人が、岩や洞くつに描いた生きものの絵が、今も残っています。フランス・ラスコーの洞くつには、およそ1万7000年前に描かれた絵が残っていますが、マンモスやオーロックスというウシなど、今では絶滅した生きものが描かれています。また、ライオンやクマ、シカ、ウマ、サイなど、現代にいる生きものも描かれていました。

フランス・ラスコーの洞くつ画。ウシやウマが描かれている。

Q 大昔の人は、どんな生きものを狩っていたの？

A マンモスやオーロックスというウシ、トナカイやウマなど、植物食の大型ほ乳類をよく狩っていたと考えられます。また、生きものの骨や牙、毛皮などを使って家や道具をつくっていました。

人にも種類がいた

現代の人は、国も人種も関係なく、みんな「ホモ・サピエンス」という同じ種類です。およそ20万年前のアフリカで進化し、世界各地に広まりました。大昔、人にはいろいろな種類がいましたが、わたしたちホモ・サピエンス以外は絶滅してしまいました。

インドのビンベトカ岩石群に残されたマンモスの絵。およそ1万年前に描かれたと思われる。

さくいん

あ
- アーケオプテリクス ……39, 40
- アーケロン ……54
- アヌログナトゥス ……52
- アパトサウルス ……33, 39
- アラモサウルス ……42
- アルゼンチノサウルス ……11, 12, 15, 32
- アルバータ州立恐竜公園 ……39
- アルバロフォサウルス ……38
- アロサウルス ……25
- アンキオルニス ……13, 26, 27
- アンキロサウルス ……11
- アンモナイト ……37, 48, 49, 54
- イグアノドン ……11, 19, 32, 33
- 石頭竜 ……11
- イシワラスト州立公園 ……39
- 胃石 ……19
- イリジウム ……42
- イリテーター ……33
- 印象化石 ……35
- ウミガメ ……49
- 海にすむは虫類 ……44〜46, 48, 49, 54
- 羽毛 ……4, 5, 8, 9, 11, 13, 26, 27, 30, 31, 39〜41, 51
- 羽毛恐竜 ……27, 39
- ウラン ……37
- エイニオサウルス ……23
- エウディモルフォドン ……52
- エオゾストロドン ……56
- エオラプトル ……9, 39
- エステメノスクス ……56
- エダフォサウルス ……56
- エドモントサウルス ……19
- エピオルニス ……58
- えら呼吸 ……49
- エラスモサウルス ……46, 47
- オーロックス ……60
- オビラプトル ……15, 32, 41

か
- オフタルモサウルス ……49
- オルドビス紀 ……4
- カウディプテリクス ……41
- 学名 ……32
- カストロカウダ ……57
- 化石 ……8, 10, 12〜15, 19〜21, 23〜29, 31〜41, 48, 50, 51, 53, 57, 59
- ガソサウルス ……21, 33
- 角脚類 ……38
- カマラサウルス ……19, 26
- カメ ……29, 42, 48, 49, 53, 54
- 狩り ……18, 31
- カンブリア紀 ……4
- 魚竜 ……45, 48, 49
- クテノカスマ ……52
- 首長竜 ……45〜48
- クルロタルシ類 ……9
- クロノサウルス ……46, 47
- K-T境界線 ……42
- ケツァルコアトルス ……50〜52
- ケナガマンモス ……59, 60
- ケレシオサウルス ……45
- 堅頭竜類 ……10, 11, 21, 38
- 剣竜類 ……10, 11, 24, 33
- ゴジラサウルス ……33
- 古生代 ……4
- 古生物学 ……36
- 子育て ……14, 15, 53
- 古第三紀 ……4
- コティロリンクス ……56
- ゴビ砂漠 ……39
- 古竜脚類 ……11, 28, 29

さ
- サイカニア ……11, 33
- サウロスクス ……9
- サウロロフス ……26
- 三畳紀 ……4, 9, 11, 29, 37, 39, 44, 45, 47, 56

- 三葉虫 ……35
- 示準化石 ……37
- 始祖鳥 ……39, 40
- シダ植物 ……16, 17, 19
- シノサウロプテリクス ……26, 27, 39
- シャスタサウルス ……45
- 獣脚類 ……9〜11, 13, 15, 18, 19〜21, 25, 27, 31, 33, 38, 40, 41
- 周飾頭類 ……11
- 収斂進化 ……45
- シュノサウルス ……21
- ジュラ紀 ……4, 5, 11, 16, 29, 38, 39, 44, 45
- 植物食恐竜 ……11, 16, 18, 19, 21, 42
- シルル紀 ……4
- 新生代 ……4, 42, 56, 58
- 新第三紀 ……4
- 針葉樹 ……19
- 人類 ……4, 8
- 巣 ……14, 15, 32, 35, 39, 41, 53
- ステゴサウルス ……11, 24, 25, 33
- スピノサウルス ……18, 25
- スミロドン ……59
- 生痕化石 ……35
- 石炭紀 ……4
- 絶滅 ……4, 5, 42, 51, 54, 58, 60, 61
- 装盾類 ……11
- ゾルンホーフェン ……39

た
- 第四紀 ……4
- タニストロフェウス ……45, 47
- 卵 ……8, 14, 15, 18, 32, 35, 39, 41, 45, 53, 56, 57
- 単弓類 ……4, 56

タンバティタニス……………38
地層………4, 5, 36〜39, 42
中生代………………4, 37, 42
鳥脚類…………10, 11, 19, 26, 27, 29, 38
鳥盤類……………10, 11, 38
鳥類……4, 11, 39, 40, 44, 58
月の谷………………………39
角竜類…………10, 11, 15, 19, 22, 23, 27, 38
翼…………13, 27, 40, 41, 44, 45, 50, 51, 53
つり橋構造…………………17
ティアニュロング…………27
ディアブロケラトプス………23
ディキノドン………………56
ディデルフォドン…………57
ディプロドクス……………33
ディメトロドン……………56
ティラノサウルス……5, 11, 15, 18, 19, 23, 30, 31, 39, 42
ディロング…………………31
手取層群……………………38
デボン紀………………………4
テリジノサウルス…………15
デンタル・バッテリー…19, 22
トカゲ………8, 9, 15, 16, 29, 32, 33, 45, 49, 53, 54, 57
鳥……………5, 13, 19, 27, 28, 40〜42, 44, 45, 50, 51, 58
トリケラトプス………5, 11, 18, 19, 22, 23, 32, 42

な
肉食恐竜………11, 16, 18, 21, 23, 25, 29, 42
肉食動物……………………30
ニッポノサウルス…………38
ノトサウルス類……………45

は
肺呼吸………………………49
パキケファロサウルス………11, 21, 42
パキリノサウルス……………23
白亜紀…………4, 5, 11, 30, 37〜39, 42, 44, 45, 58

博物館……………36, 37, 39
は虫類………4, 8, 9, 14, 19, 29, 32, 39, 42, 44〜49, 54, 56
発掘……………23, 25, 33, 36〜40, 53
パラケラテリウム……………58
パラサウロロフス……………29
バリオニクス………………18
ビアルモスクス………………56
人………………4, 30, 36, 40, 56, 60, 61
皮膚………8, 11, 21, 25, 26, 44, 51
ヒペロダペドン…………9, 54
氷河期……………4, 59, 60
氷河時代……………………59
ビンベトカ岩石群……………61
フクイサウルス……………38
フクイティタン……………38
フクイラプトル……………38
プシッタコサウルス………15, 27, 57
プテラノドン…………44, 51
ブラキオサウルス………16, 17
プラコドゥス………………45
プラテオサウルス……………28
プリオサウルス類……………46
フルイタフォッサー…………57
プレオンダクティルス………50
プレシオサウルス類…………46
プロトスクス………………54
ブロントサウルス……………33
ヘビ……………8, 45, 49, 54
ヘルクリーク層………………39
ペルム紀………………4, 56
ヘレラサウルス…………9, 39
放射性物質…………………37
放射年代測定………………37
保護色………………………27
ポストスクス…………………9
ほ乳類…………4, 37, 42, 45, 49, 51, 56〜61
炎の崖………………………39
ホモ・サピエンス……………61

ボラティコテリウム…………57

ま
マジュンガサウルス…………20
マンモス………40, 59〜61
ミクソサウルス……………45
ミクロラプトル……………41
ムカシトカゲ………………54
群れ………14, 15, 21, 22, 24, 27〜29, 48, 59
メイ・ロン…………………33
メガロサウルス……………33
モササウルス…………48, 49
モササウルス類………45, 49
モリソン層…………………39

や
ユウティラヌス…………27, 31
翼竜…………44, 45, 50〜54
よろい竜類……10, 11, 33, 38

ら
裸子植物……………………16
ラスコーの洞くつ画…………61
ラリオサウルス……………45
ランフォリンクス……………53
ランベオサウルス……………29
竜脚形類………………11, 29
竜脚類……5, 9〜12, 15〜17, 19, 21, 26, 29, 33, 38, 39, 42, 44
竜骨…………………………37
竜盤類………………………10
両生類……………4, 46, 56
遼寧省………………………39
レプリカ化石………………39
レペノマムス………………57

わ
ワニ………8, 9, 14, 15, 19, 42, 45, 47, 49, 54

監修者紹介
平山 廉（ひらやま れん）

1956年東京都生まれ。慶應義塾大学経済学部卒業。早稲田大学国際教養学部教授。理学博士。専門分野は化石は虫類（特にカメ類の進化系統や機能生態学、古生物地理学）。

著書に『最新恐竜学』（平凡社）、『カメのきた道』（日本放送出版協会）、『ヴェロキラプトル はねのある小さな肉食恐竜』（ポプラ社）、『誰かに話したくなる恐竜の話』（宝島社）、『恐竜の復元』（共著／学習研究社）、監修に「恐竜をさがせ！」シリーズ（偕成社）など多数。

メインイラストレーター紹介
服部 雅人（はっとり まさと）

1966年愛知県生まれ。国立愛知教育大学大学院教育学研究科芸術教育専攻修了。復元画家。「黄河大恐竜展」メインヴィジュアル制作、英科学誌『nature』発表の新種恐竜の復元画制作、SVP(古脊椎動物学会)で発表の「モンゴルのテリジノサウルス類営巣地」の復元画制作などに携わる。
ホームページ http://masahatto2.p2.bindsite.jp/

- ●イラスト／いずもり・よう／マカベアキオ
- ●写真協力／アマナイメージズ／ネイチャー・プロダクション（アマナイメージズ）／フォトライブラリー／ロイヤル・ティレル古生物博物館／神流町恐竜センター
- ●カバー・本文デザイン・DTP／ニシ工芸株式会社
（小林友利香・西山克之）
- ●編集制作／株式会社ネイチャー＆サイエンス
（室橋織江・荒井正）

なぜ？ どうして？ 恐竜図鑑
大昔の生きもののなぞにせまる

2015年2月9日発行　第1版第1刷発行

監修者	平山 廉
発行者	山崎 至
発行所	株式会社PHP研究所

　　　　東京本部　〒102-8331　千代田区一番町21
　　　　　　　　児童書局　出版部 ☎03-3239-6255（編集）
　　　　　　　　　　　　　普及部 ☎03-3239-6256（販売）
　　　　京都本部　〒601-8411　京都市南区西九条北ノ内町11
　　　　PHP INTERFACE http://www.php.co.jp/

印刷所	図書印刷株式会社
製本所	

©PHP Institute,Inc. 2015 Printed in Japan
落丁・乱丁本の場合は弊社制作管理部（☎03-3239-6226）へご連絡ください。送料弊社負担にてお取り替えいたします。
ISBN978-4-569-78445-8
63P　29㎝　NDC457

最小級の恐竜

アンキオルニス

白亜紀後期に栄えた獣脚類。
全長およそ40㎝。
ハトやカラスなどと同じくらいの大きさ。